KB123049

재밌어서 밤새읽는

화학이야기

재밌어서 밤새읽는

화학 이야기

사마키 다케오 지음 · 김정환 옮김 · 황영애 감수

 더숲

화학이란
어떤 학문일까요?

화학은 한 원자와 다른 원자들이 만나 원래 원자의 성격이나 모습과는 전혀 다른 새로운 물질을 만들어내는 일을 주관하는 학문입니다.

인간 세계에서는 남자와 여자가 만나 결혼해서 낳은 아기는 부모 중 어느 한쪽이라도 닮게 마련이지요. 그런데 물질들은 화학반응을 하고 나면 마치 원래 모습을 절대로 드러내지 않거나 하려는 듯 감쪽같이 변해버립니다. 수소 원자 2개와 산소 원자 1개가 만나면 물이 된다는 사실은 많이들 알고 있지만, 조금만 더 깊이 생각해보면 얼마나 놀랍고도 흥분되는 일인가요!

아마도 바로 이런 사실 때문에 옛날 사람들은 엉뚱하게도 싸

구려 금속에서 금을 만들어보려는 시도를 했는지 모르겠지만, 다시 생각하면 허황되기까지 한 그런 꿈이 과학을 발전시키는 원동력이 될 수 있지 않았을까요?

요즈음 한 개그 프로그램 중에 '네 가지'라는 코너가 한창 인기를 얻고 있습니다. 남들이 싫어하는 네 가지의 약점을 가진 사람들이 나와서 "오해하지 마!" 하고 외쳐대지요. 나도 화학에 대해서 그렇게 말하고 싶습니다. 화학이 물질의 학문이라고만 생각하는데, "오해하지 마세요!" 라고.

우리의 생명과 가장 밀접한 관계가 있는, 공기 중의 산소가 하는 일을 살펴봅시다. 사람들이 숨을 쉬면 산소는, 혈액 중의 헤모글로빈과 결합했다가 몸속의 기관에 산소가 부족해지면 헤모글로빈으로부터 분리되어 각 기관으로 전달됩니다. 이렇게 헤모글로빈의 철에 결합한 산소는 자기가 원해서가 아니라 몸이 요구하는 대로, 집착하지 않고 붙었다 떨어지기를 계속하는 것입니다. 하지만 연탄가스 중독의 범인인 일산화탄소는 헤모글로빈과 한 번 결합하면 너무 강하게 붙어서 떨어지지 않기 때문에 산소가 들어갈 자리를 양보해주지 않아 생명을 잃게 되는 것입니다.

산소처럼 집착하지 않으면서 넓은 마음을 가지면 주위에 생명을 불어넣어주게 되고, 일산화탄소처럼 과도하게 집착하며 매달리면 생명을 잃게 한다는 삶의 이치까지 보여주니, 화학은 얼마나 매력적인 학문입니까? 깊이 들어가면 갈수록 과학적인 이유 뿐 아니라 심오한 철학까지 가르치는 학문이 바로 화학인 것입니다.

그런데 화학은 가르치는 방법이나 사람에 의해 좋고 싫음이 극명하게 갈리는 것을 보게 됩니다. 나의 경우, 화학의 길을 걷게 된 것이 고등학교 때 선생님의 영향 때문이었고, 우리 대학의 학생들도 고등학교 시절 화학을 재미있게 배운 것이 화학과로 오게 된 이유라고 하였습니다.

과학, 그 중에서도 기초과학은 나라를 이끌어가는 데 가장 기본이 되어야 하고 반드시 중시되어야 할 중심 학문입니다. 그러한 학문인 화학에 더 많은 인재들이 모여들게 하려면 국가적인 뒷받침도 중요하지만, 그에 못지않게 학생들이 화학에 더 많은 관심을 가질 수 있도록 좋은 교재를 만들고 가르치는 방법을 개발하는 것도 중요합니다. 그것이 바로 화학자들의 또 다른 할 일이라 하겠습니다.

이 책은 한 번 읽기 시작하면 다 읽을 때까지 손에서 놓지 못할 만큼 쉽고 흥미진진하게 구성되어 있습니다. 읽는 내내 마치나 자신이 실험에 참여하고 있다고 착각할 정도였습니다. 그런 의미에서 화학에 관심이 없던 학생들에게도 호기심과 흥미를 불러일으키기에 부족함이 없다고 생각합니다.

다이아몬드에 불을 붙이고 그 불로 송이버섯을 구워먹는 실험 이야기는 스릴 넘쳤고, 산성 식품은 몸에 나쁘고 알칼리성 식품은 몸에 좋다는 잘못된 상식을 지적한 점도 유용했습니다. 그리고 그러한 식품을 먹어도 우리 몸의 pH가 일정하게 유지되는 원리 등은 누구나 궁금해하는 이야기여서 흥미로웠습니다. 모든 실험들이 일상생활과 관련되어 있고 또 실험실에서 쉽게 시도해볼 수 있어서 학생들이 화학에 흥미를 갖고 좀 더 가까워질 수 있을 것이라 생각합니다.

필자의 대학시절인 40여 년 전, 기초과학에 몸담는 일이 꿈이었던 그때와 같이 다시금 과학 꿈나무들이 자부심을 가지고 우리 미래의 꿈을 펼칠 수 있기를 기대해봅니다.

황영애(상명대학교 화학과 명예교수)

인식의 폭을 넓혀주는
재미있는 공부,
화학

내가 이 책을 쓴 데는 이유가 있다. 한마디로 독자 여러분에게 "화학은 재미있다!"라는 말을 하고 싶어서다. 화학은 참으로 재미있고 매력적이며, 물질의 세계에서 일어나는 온갖 현상을 설명해준다. 그리고 사실은 우리 주변 곳곳에 화학의 개념과 법칙이 관여하고 있다. 화학의 재미는 물질의 성질이나 변화에 관한 실험에만 있는 것이 아니다. 화학의 본질적인 지식은 우리에게 새로운 세계로 인식의 폭을 넓혀준다.

내가 이 책에서 다룬 소재는 중학교나 고등학교 저학년 때 배운 화학의 기초이자 기본이다. 학교에서 가르치는 화학에 흥미를 느끼지 못하는 사람이 많은 이유는 무엇일까? 내용이 추상적이라 잘 실감이 나지 않아서, 무슨 소리인지 이해가 되지 않아서, 학교를 졸업하면 우리의 생활이나 인생과 아무 상관도 없는 불필요한 지식이라서 등 여러 이유가 있을 것이다. 내 전문 분야는 초등학교와 중학교, 고등학교 저학년의 과학 교육이다. 원래 나는 중학교와 고등학교의 과학 교사였다. 과학 교사로서 학생들을 가르칠 때 나의 신조는 '가족과 밥을 먹으면서 그날 배운 내용으로 이야기꽃을 피울 수 있는 수업을 하자'였다. '수업을 듣고 새로운 사실을 알아서 도움이 됐다, 감동했다, 마음이 풍요로워졌다, 생각만 해도 가슴이 두근거렸다…….' 학생들이 이런 기분을 느낄 수 있으면 좋겠다고 생각했다. 이 책은 그런 나의 바람을 실현하고자 그간 소중히 간직해뒀던 화학과 관련된 이야기를 글로 정리한 것이다.

과학은 신비와 드라마로 가득한 이 세계의 비밀을 조금씩 밝혀왔다. 자연이라는 세계의 문을 조금씩 열고 있는 것이다. 물론 아직 밝히지 못한 부분도 있지만, 알게 된 것도 많다. 나는 과학 교육의 전문가로서 그렇게 알게 된 것들의 기초와 기본 중에서 주제를 선택해 소개하고 "이것 봐. 한 걸음 더 나가서 여기까지 생각하면 참 재미있지!?"라고 말하고 싶다.

이 책을 읽고 '이 경우는 어떨까?' '저 경우는 어떨까?'라는 새로운 의문이 샘솟는다면 내 시도는 성공한 것이나 다름없다. 가령 우리에게 친근한 '식염(소금)'의 성분인 '염화나트륨'은 나트륨과 염소(鹽素)로 구성되어 있다. 그런데 이 나트륨은 사실 물속에 던지면 화학 반응을 일으켜 폭발하는 물질이다. 또 염소는 독가스 병기에 사용되었던 독성이 강한 물질이다. 그런 두 물질이 화학 변화를 통해 하나가 됨으로써 우리가 당연한 듯이 사용하는 조미료인 소금이 되는 것이다. 더 놀라운 것은 소금조차 너무 많이 섭취하다보면 중독 증상이 나타난다는 점이다.

이 책에는 여러 과학적인 실험과 흥미진진한 화학 이야기들이 등장해 우리가 학교에서는 배우지 못한 사실들을 알게 되고 미처 깨닫지 못한 화학공부의 즐거움을 맛보게 될 것이다. 이 한 권의 책을 통해 과학공부에서 너무도 멀어져간 우리 아이들이 감동적인 과학, 마음이 풍요로워지는 과학을 느낄 수 있기를 바란다.

목차

2장 밤 새워 읽고 싶어지는 재미있는 화학 이야기

1장

위험천만하고
스릴 넘치는
화학 이야기

콜라와 생수의 페트병은 어떻게 다를까

드라이아이스 폭발 사고

아이스크림 등을 차갑게 보존할 때 사용하는 드라이아이스. 대략 -79℃의 매우 차가운 흰색 고체인 이 드라이아이스는 사실 이산화탄소(탄산가스)를 고체화시킨 것이다. 그 이름처럼 액체를 거치지 않고 바로 기체가 된다.

드라이아이스는 유리병에 넣고 뚜껑을 닫았다가 병이 깨져 파편이 사방으로 튀는 사고가 종종 일어난다. 유리병뿐만 아니라 페트병의 경우도 위험하다. 최근에는 유리병보다 페트병 사용량이 더 많기 때문에 페트병 파열 사고가 증가하고 있다. 페트병에 드라이아이스를 넣은 다음 뚜껑을 닫고 흔들었다가 병이 터져 파열하는 바람에 파편이 몸에 박히는 사고를 입는 것이다. 때로는 파편이 눈을 찔러 실명하는 경우도 있다.

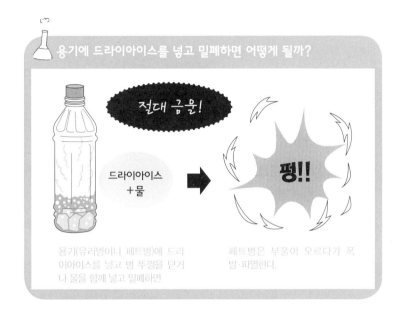

용기에 드라이아이스를 넣고 밀폐하면 어떻게 될까?

절대 금문!

드라이아이스
+물

펑!!

용기(유리병이나 페트병)에 드라이아이스를 넣고 병 뚜껑을 닫거나 물을 함께 넣고 밀폐하면

페트병은 부풀어 오르다가 폭발·파열한다.

파열의 원인은 내부의 압력이 높아지기 때문

일반적으로 고체나 액체는 기체가 되면 부피가 약 수백 배에서 수천 배로 불어난다. 고체인 드라이아이스는 지속적으로 실온에 놓으면 기체가 된다. 즉 기체가 계속 증가하므로 페트병에 넣고 밀폐시키면 내부의 압력이 높아진다. 특히 페트병 내부

에서 드라이아이스와 닿아 있는 부분은 온도가 내려가 점차 탄성을 잃기 때문에 파손될 위험이 커진다. 탄산음료용 페트병은 비탄산음료용 페트병보다 높은 압력에도 버틸 수 있지만, 그래도 우리 주위의 기압(1기압)보다 약 6배 정도를 견딜 수 있을 뿐이다. 게다가 이 경우에도 '공장에서 신품 페트병에 내용물을 넣을 때'라는 조건이 달려 있으므로 실제로는 그 정도까지 버티지 못하는 경우도 있다.

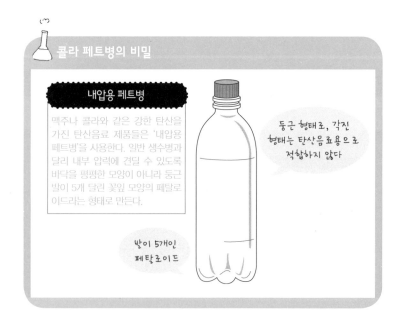

콜라 페트병의 비밀

내압용 페트병

맥주나 콜라와 같은 강한 탄산을 가진 탄산음료 제품들은 '내압용 페트병'을 사용한다. 일반 생수병과 달리 내부 압력에 견딜 수 있도록 바닥을 평평한 모양이 아니라 둥근 발이 5개 달린 꽃잎 모양의 페탈로이드라는 형태로 만든다.

둥근 형태로, 각진 형태는 탄산음료용으로 적합하지 않다

발이 5개인 페탈로이드

페트병 파열 사고의 증가와 관련한 실험이 있다. 500ml 페트병에 드라이아이스 40~50g과 물 300~400ml를 넣고 조건을 바꿔가며 폭발 실험을 한 것이다. 그 결과 페트병이 파열하기까지 걸린 시간은 7~44초였다. 그리고 폭발할 때는 "펑!" 하는 굉음과 함께 파편이 사방으로 날아갔다.

이렇듯 매우 위험하니 절대 드라이아이스를 용기에 넣고 밀폐해놓지 않도록 하자.

드라이아이스를 보면 갖고 놀고 싶어지는데, 항상 조심해야겠구나.

화학은
폭발이다

폭발은 어떤 현상일까

　폭발이 단지 무서운 것만은 아니다. 지금까지 다양한 화학 실험을 해왔는데, 식은땀이 날 만큼 위험한 순간도 있었고, 때로는 사고 일보 직전까지 간 적도 있었다. 공업화학과에서 공부하던 고등학교 때부터 대학원 시절까지는 화학 실험이 생활이나 다름없었고, 중·고등학교 교사가 된 뒤에도 학생들에게 늘 재미있는 현상을 보여주고 싶었다. '예술은 폭발이다!'까지는 아니지만 '화학은 폭발이다!'라고 생각하기도 했다.

　그렇다면 폭발은 어떤 현상일까? 화학적으로 생각해보자.

드라이아이스를 넣고 밀폐시킨 유리병이나 페트병이 폭발하는 사고 외에도 밀폐된 스프레이 캔이나 부탄가스 캔이 열을 받아 폭발해 엄청난 굉음을 내며 용기가 파열되는 경우가 있다. 또 이따금 뉴스에 나오는 가스 폭발 사고처럼 심할 경우 큰 빌딩이나 상점가를 파괴하고 수많은 사상자를 내는 경우도 있다. 이런 폭발의 공통점은 '어떤 원인으로 압력이 급격히 상승하면서 부피가 증가하다가 결국 용기 등이 파괴되면서 엄청난 소리와 밝은 빛 등을 동반하며 압력이 밖으로 뿜어져나왔다.'는 것이다.

　　폭발을 잘 제어할 수만 있다면 이 '압력에 따른 팽창'을 다른

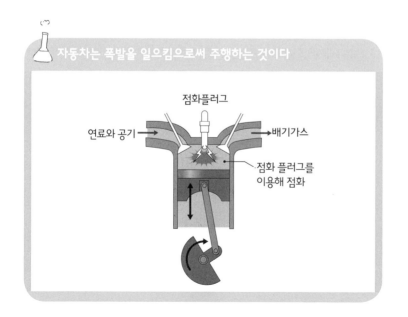

자동차는 폭발을 일으킴으로써 주행하는 것이다

점화플러그

연료와 공기 →

→ 배기가스

점화 플러그를
이용해 점화

일이나 작업에 활용할 수 있다. 한 번에 다량의 열팽창이 일어나므로 효율이 매우 높다. 예를 들어 우리가 타고 다니는 휘발유 자동차의 경우, 압축한 휘발유와 공기의 혼합물에 불을 붙여 폭발을 일으킴으로써 엔진을 움직여 주행한다. 또 다이너마이트 등의 폭약은, 토목 공사나 광산에서 광석을 채취하기 위해 바위를 파괴할 때 사용된다.

물리적 폭발과 화학적 폭발

폭발은 일어나는 과정에 따라 '물리적 폭발'과 '화학적 폭발'로 나눌 수 있다. 부피가 증가(압력이 상승)한 원인이 기체나 액체의 열팽창이나 상태 변화(물질이 고체·액체·기체 상태 사이에서 변화)와 같은 물리적인 원인이면 '물리적 폭발', 물질의 분해나 연소처럼 화학 변화가 원인이면 '화학적 폭발'이라고 한다. 스프레이 캔이나 부탄가스 캔이 열팽창으로 폭발할 경우, 수증기를 발생시키는 보일러의 폭발 등은 물리적 폭발이다. 또 화산 폭발도 물리적 폭발이다. 화산 폭발은 기체를 포함하고 있는 마그마가 위로 상승했을 때 압력이 급격히 감소하면서 기체가 갑자기 팽창하거나 지상의 물 또는 지하수와 닿으면서 물이 기화되어 급격히 팽창하는 것이 원인이다.

반면에, 화학적 폭발의 대부분은 연소나 분해 등의 화학반응으로 압력이 상승하는 경우 일어난다. 기체의 발생을 동반하는 일종의 연소가 시작되면, 최소한 불에 타는 물질이 남아 있는 한 연소 속도가 한없이 빨라져 폭발을 일으키는 것이다. 가령 프로판가스나 도시가스(대부분의 경우 주성분은 메탄가스)가 누출되어 쌓인 곳에 불이 붙었을 때 발생하는 가스 폭발이 여기에 해당한다.

학교에서 자주 실험하는 수소와 공기의 혼합물에 불을 붙였을 때 일어나는 폭발, 또 화약이나 폭약의 폭발, 밀가루나 석탄 가루 같은 가연성 분진이 공기 속에 떠다니고 있을 때 일어나는 폭발(분진 폭발)도 화학적 폭발의 일종이다.

가스 폭발이
일어나는 이유

굽은 철사 끝에 작은 양초를 세워서 공기가 들어 있는 병 안에 넣어도 촛불은 계속 타오른다. 그렇다면 이산화탄소가 들어 있는 병에 양초를 넣었을 때는 어떻게 될까? 병의 입구에서 조금만 안으로 넣어도 불은 금방 꺼지고 만다. 즉, 이산화탄소 안에서는 물질이 타오르지 않는다는 것을 알 수 있다.

다음에는 가스레인지의 가스나 가스라이터의 가스 등 불에 타는 기체가 들어 있는 병에 불이 붙은 양초를 넣어보자. 양초와 철사 외에 조금 깊은 대야와 우유병, 가스라이터 충전용 가스, 젖은 종이를 준비한다. 먼저 대야에 물을 붓고, 물을 가득 채운 병의 입구를 손바닥으로 막은 뒤 대야에 거꾸로 세운다. 그리고 병 속에 가스라이터 충전용 가스(주성분은 부탄)를 주입한다. 가스가 물을 밀어내고 병 속을 가득 채우면 병에서 기포의 형태로 가스가 나오는데, 그러면 다시 손바닥으로 병의 입구를 막고 대야에서 꺼낸 다음 젖은 종이를 뚜껑처럼 덮는다. 그리고 불을 붙인 양초를 병 속에 가만히 집어넣는다.

촛불이 가까이 오면 병의 입구에서 불꽃이 솟아오른다. 가스가 불타는 것이다. 불꽃은 조금씩 아래로 내려간다. 그렇다면 양초

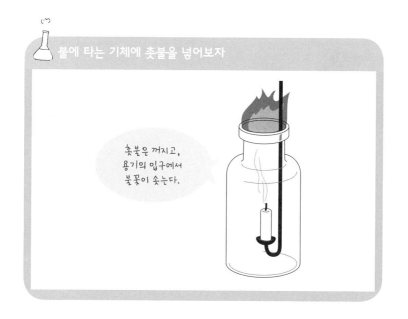

불에 타는 기체에 촛불을 넣어보자

촛불은 꺼지고, 용기의 입구에서 불꽃이 솟는다.

의 불은 어떻게 되었을까? 병 속에 들어간 촛불은 꺼진다. 가스
는 불에 타지만 그 안에서는 촛불이 꺼지는 것이다.*

　그 이유는 무엇일까? 공기 속에는 산소가 있지만 가스 속에는
산소가 없기 때문이다.

　다음 그림처럼 수소를 가득 채운 병을 뒤집은 다음 불이 붙은
양초를 넣으면 어떤 일이 일어날까? '수소는 폭발하잖아? 병에
들어 있는 건 100% 수소니까 무섭게 폭발할 거야'라고 생각하는
사람도 있겠지만, 실제로 실험해보면 병 속에 들어간 촛불은 꺼

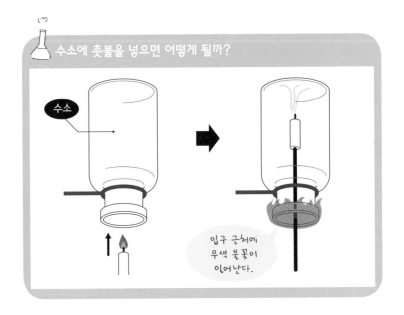

수소에 촛불을 넣으면 어떻게 될까?

수소

입구 근처에
무색 불꽃이
일어난다.

* 주의: 병 속에 가스와 공기가 섞여 있는 상태에서 촛불을 넣으면 폭발할 우려가 있으므로 병 속
의 기체가 전부 가스가 되도록 물과 치환해서 모은다.

지고 만다. 수소만 있고 산소가 없기 때문에 촛불이 계속 불타지 못하는 것이다. 병의 입구 근처를 잘 보면 수소가 불타고 있다(무색 불꽃). 요컨대 폭발은 일어나지 않는다.

폭발 한계란 무엇일까

가연성 기체와 공기의 혼합물을 점화할 때는 폭발이 일어나는 가연성 기체의 공기 속 비율 범위가 있다. 수소의 경우는 4.0~75%, 메탄은 5.3~14%, 에탄올(기체)은 3.5~19%의 범위다.

폭발 한계

가연성 가스	대기 중 폭발 한계(%)
수소	4.0~75
아세틸렌	2.5~81
메탄	5.3~14
프로판	2.2~9.5
메탄올(기체)	7.3~36
에탄올(기체)	3.5~19
에틸에테르(기체)	1.9~48
휘발유(기체)	1.4~7.6

이와 같은 범위를 폭발 한계 또는 연소 한계라고 하며, 폭발이 일어나는 조성 범위에 주목할 경우는 '폭발 한계', 가스가 불타는 조성 범위에 주목할 경우는 '연소 한계'라고 한다. 메탄과 비교하면 수소의 폭발 한계가 넓음을 잘 알 수 있는데, 이것은 쉽게 폭발할 수 있음을 의미한다.

 도시가스에서 나는 냄새는 누출 감지를 위해 따로 첨가한 것

도시가스가 천연 가스일 경우 그 성분은 메탄이다. 폭발 한계가 있으므로 설령 가스가 새더라도 금방은 폭발하지 않는다. 그리고 원래 가스에서는 냄새가 나지 않지만, 누출되었을 때 금방 알 수 있도록 냄새가 나는 메르캅탄 등의 물질을 미량 첨가한다. 그런 예방 조치를 취했음에도 불구하고 사람이 죽거나 다치지 않은 경우까지 포함하면 거의 매주 가스 폭발 사고가 일어나고 있다. 특히 새로운 가스 기구를 구입했을 때는 사용법을 잘 숙지하고 사용하도록 하자. 사고는 구입 후 1년 이내에 일어나는 경우가 많다. 또 도로에 매설된 본관에서 집으로 연결되는 가스관이 노후되어 가스 누출이 일어나는 경우가 있다. 시간이 오래되었다면 점검하는 것이 좋다.

2011년 3월 발생한 일본의 도쿄전력 후쿠시마 제1원자력 발전소의 수소 폭발을 살펴보자. 이 폭발의 원인은 원자로의 냉각에 실패했기 때문이다. 핵연료 소자(펠렛)는 지르코늄이라는 금속 등의 합금으로 만든 피복관의 보호를 받는다. 지르코늄은 중성자를 잘 흡수하지 않아서 피복관을 만드는 데 사용된다. 중성자를 흡수하는 재료를 쓰게 되면, 중성자를 효과적으로 사용해 핵분열 연쇄반응을 일으키기가 어렵기 때문이다. 그러나 지르코늄은 온도가 약 850℃를 넘으면 물과 반응해 수소를 발생시키며 수산화지르코늄이 된다. 이번에 발생한 폭발은 이렇게 다량의 수소가 발생했기 때문에 일어난 것으로 생각된다. 수소는 원자로에서 격납용기로, 그리고 건물로 유출되었다. 수소는 건물 안에서 공기와 섞여 4.0%가 넘으면 폭발 한계에 이르는데, 이 상태에서 어떤 계기로 불이 붙어 수소 폭발(수소와 산소가 단번에 격렬하게 반응)이 일어난 것이다.

노벨은 다이너마이트를 왜 발명했을까

폭발이라고 하면 다이너마이트가 빠질 수 없다. 다이너마이트를 발명한 사람은 알프레드 노벨(Alfred Bernhard Nobel, 1833~1896)이다. 매년 노벨의 기일인 12월 10일에 스웨덴의 스톡홀름과 노르웨이의 오슬로에서 노벨상 수상식이 거행된다(노벨평화상 시상식의 경우, 오슬로에서 열린다).

노벨상은 알프레드 노벨이 다이너마이트의 발명과 유전 개발로 쌓은 거액의 재산을 유산으로 남기면서 "과거 1년 동안 인류에게 가장 큰 공헌을 한 인물에게 상을 주시오."라고 유언한 데서 비롯되었다. 이에 노벨 재단(본부는 스톡홀름에 있다)이 설립되었고, 1901년부터 노벨상을 수여하기 시작하였다. 처음에는 물리학, 화학, 생리의학, 문학, 평화의 다섯 부문으로 시작되었으며, 1968년에 경제학상이 신설되어 총 여섯 부문이 되었다.

1833년 스웨덴에서 태어난 알프레드 노벨은 1842년에 러시아의 상트페테르부르크로 이주했다. 그는 당시 유럽에서 화제를 모으던 니트로글리세린을 대량으로 생산하려고 아버지, 형제들과 함께 작은 폭약 공장을 차렸다. 니트로글리세린은 무색의 투명한 액상 물질로, 충격을 주거나 열을 가하면 무서운 기세로 폭발

노벨상 메달에 새겨진 알프레드 노벨(1833~1896)

한다. 폭발력이 강해서 이용 가치는 높지만 운반이나 보존이 어려운 물질이었다. 노벨의 공장에서도 커다란 폭발 사고가 일어나 공장이 파괴되고 일하던 사람들도 사망했다. 그중에는 노벨의 막내동생도 있었다. 노벨의 아버지는 이 사건으로 충격을 받아 얼마 후 세상을 떠났다. 노벨은 남은 형제들과 협력해 이 폭약을 안전하게 만들기 위한 연구에 몰두했고, 얼마 후 니트로글리세린이 규조토에 스며들면 안정성이 높아져 다루기 용이해진다는 사실을 발견했다. 이것이 다이너마이트의 탄생이다.

그는 다이너마이트 외에도 무연 화약인 발리스타이트를 개발

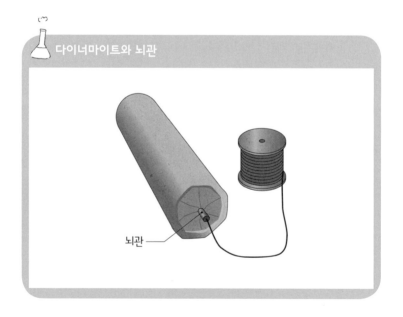
다이너마이트와 뇌관

뇌관

해 군용 화약으로 세계 각국에 판매했다. 세계 각국에서 약 15개의 폭약 공장을 경영했으며, 러시아에서는 바쿠 유전을 개발해 거액의 부를 쌓았다.

노벨 평화상을 유언한 진짜 속뜻

자신의 발명품이 전쟁에 사용되었다는 '죄책감' 때문에 노벨이 평화상을 제정하라고 유언한 것으로 알고 있는 사람이 많을 것이다.

그러나 노벨은 그렇게 생각하지 않은 듯했다.

다이너마이트를 발명하기 전, 노벨은 그를 찾아온 평화 운동가 베르타 폰 주트너(Bertha von Suttner, 1843~1914)에게 이런 말을 했다.

"전쟁이 영원히 일어나지 않도록 하기 위해 경이적인 억지력을 지닌 물질이나 기계를 발명하고 싶습니다. 적과 아군이 불과 1초 만에 상대를 완전히 파멸시킬 수 있는 시대가 찾아오면, 모든 문명국은 심각한 위협을 느낀 나머지 전쟁을 포기하고 군대를 해산시킬 겁니다."

즉 노벨은 일순간에 서로를 멸망시킬 수 있는 병기를 만들면 그 공포감에 전쟁을 일으킬 엄두를 내지 못하리라고 생각한 것이다. 어쩌면 우수한 군용 화약을 개발해 각국의 군대에 판매한 배경에는 이런 생각이 깔려 있었는지도 모른다.

그러나 이 생각은 노벨상 창설에 관한 유언에 명시된 '각국 간의 우호 관계를 촉진하고 평화 회의의 설립이나 보급에 힘을 다했으며 군비의 폐지 또는 축소에 가장 많은 노력을 한 사람에게 수여한다.'라는 평화상의 취지와 모순되어 보인다. 노벨이 이런 취지의 평화상을 생각한 시대에는 전쟁 반대를 주제로 한 주트너의 소설 『무기를 내려놓으라!』가 서양에서 화제를 모았는데, 이 소설에 감명을 받아 평화상을 떠올린 것이 아닐까 하는 이야기도 있다.

니트로글리세린의 폭발력은 어느 정도일까

고등학교 화학 수업 시간에 니트로글리세린을 소량 합성해 학생들에게 폭발 장면을 보여준 적이 있다. 니트로글리세린은 충격에 약해 쉽게 폭발하므로 다루기가 어려워서 다이너마이트가 발명되었다는 것을 설명하고, 실험을 할 때는 내가 니트로글리세린을 직접 만들어 보여줬다. 시험관에 진한 질산과 진한 황산을 넣고 섞은 다음 얼음물로 온도를 떨어트리면서 글리세린을 넣고 흔들어 섞으면 니트로글리세린이 완성된다. 이것을 여과하면 니트로글리세린은 여과지에 남는다. 무색투명하며 기름 같은 상태인 니트로글리세린을 모세 유리관으로 빨아들인 다음 그 모세 유리관을 가스버너의 불꽃 속에 넣으면 극소량임에도 불구하고 엄청난 폭발을 일으킨다. 모세 유리관 파편이 사방으로 튀며, 때로는 그 폭풍에 불꽃이 꺼지기도 한다.

　니트로글리세린의 폭발을 보여줄 때는 가스버너를 아크릴 방호판으로 둘러싸서 유리 파편이 학생들에게 튀지 않도록 해야 한다. 또 눈을 보호하는 마스크가 필요하다. 니트로글리세린이 묻어 있는 여과지를 핀셋으로 집어 가스버너의 불꽃 속에 넣으

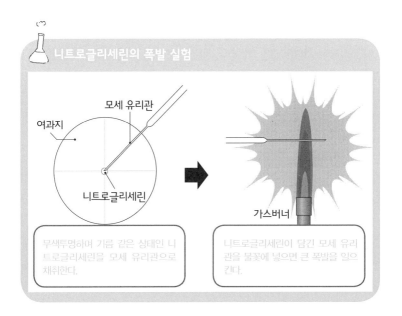

니트로글리세린의 폭발 실험

여과지 / 모세 유리관 / 니트로글리세린 / 가스버너

무색투명하며 기름 같은 상태인 니트로글리세린을 모세 유리관으로 채취한다.

니트로글리세린이 담긴 모세 유리관을 불꽃에 넣으면 큰 폭발을 일으킨다.

려 하면 학생들이 뒷걸음질을 친다. 니트로글리세린이 폭발하는 모습을 봤으니 당연한 반응인지도 모른다. 그러나 니트로글리세린은 모세 유리관이나 시험관에 넣는 등 갇혀 있는 상태에서는 폭발하지만 여과지에 묻어 있는 식의 개방적인 상태에서는 그저 불이 잘 붙을 뿐 폭발하지는 않는다.

다이너마이트의 주원료 니트로글리세린이 심장을 구하다

심장에 산소나 영양을 운반하는 관상동맥의 흐름이 나빠지거나 심장 근육(심근)에 산소가 부족해 생기는 병을 허혈성 심질환이라고 한다. 대표적인 허혈성 심질환으로는 협심증과 심근경색이 있는데, 협심증 발작이 일어났을 때나 일어나려고 할 때 니트로글리세린이 들어 있는 설하정제(혀 밑에 넣고 녹여서 먹는 약-옮긴이)를 사용하면 효과가 있다. 협심증을 앓고 있던 니트로글리세린 제조 공장의 직원이 공장에서는 발작이 일어나지 않는다는 데서 그 효과를 발견했다고 한다.

니트로글리세린이 협심증 발작에 효과가 있는 이유는 몸속에서 분해되면서 생기는 일산화질소가 혈관을 확장하는 작용을 하기 때문이다. 이 메커니즘을 발견한 미국의 로버트 퍼치고트

(Robert F. Furchgott) 등은 1998년 노벨 생리의학상을 받았다.

물론 니트로글리세린 정제는 첨가제를 넣어 폭발하지 않도록 가공하므로 그 정제를 가지고 있는 사람 곁에 있다고 해서 위험할 일은 없다.

| 참고문헌 |
사카노우에 마사노부(阪上正信) 외, 『신나는 화학 실험(たのしい化学実験)』, 고단사(講談社) 블루백스.

물질이 타는 데 필요한 세 가지 조건

불을 끄는 데 산소가 필요하다?

양초의 연소. 학교에서도 자주 하는 실험이다. 두꺼운 종이에 촛농을 조금 떨어트려 양초를 세운다. 이제 양초에 불을 붙인 다음 병을 위에서 재빨리 덮어씌운다. 그러면 우유병의 경우 몇 초 안에 촛불이 꺼진다. 다양한 크기의 유리병을 준비해 불이 꺼지는 시간을 비교해보면, 병이 커서 공기가 많이 들어갈수록 촛불이 오래 버티는 것을 알 수 있다. 연소는 물질과 산소가 열이나 빛을 내면서 격렬하게 반응하는 것이다. 따라서 산소가 많을수록 오래 불탄다.

공기에는 산소가 약 20%(건조한 공기 중에는 21%)가 포함되어 있다. 그렇다면 병 속에서 촛불이 꺼졌을 때 그 병 속의 산소는 몇 %가 되었을까?

'불이 꺼졌으니 산소가 전부 사라진 거 아니야?'

이렇게 생각하는 사람들이 많은데, 사실은 산소가 약 16~17% 가 되었을 때 촛불이 꺼진다.

물질이 타려면 세 가지 조건이 필요하다.

1. 불에 타는 물질
2. 산소
3. 계속 불에 타기 위한 온도

'2'가 줄어들면 발열량이 감소해 '3'을 유지할 수 없게 된다. 우리가 내쉬는 숨(날숨) 속의 산소도 약 16~17%다. 모닥불을 입으로 불면 기세 좋게 타오르는데, 이는 날숨이 주변의 신선한 공기를 끌어들여 불 쪽으로 보내기 때문이다. 그리고 촛불을 입으로 불면 불이 꺼지는 이유는, 입김이 불타고 있는 초의 기화된 밀랍을 날려버려 '1'이 사라지기 때문이다.

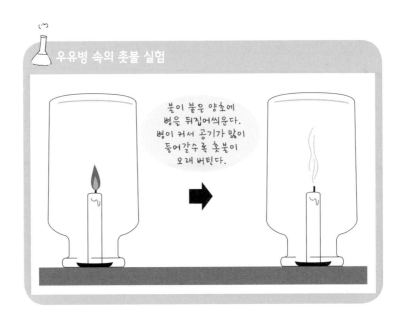

우유병 속의 촛불 실험

붙이 붙은 양초에
병을 뒤집어씌운다.
병이 커서 공기가 많이
들어갈수록 촛불이
오래 버틴다.

자주 들을 수 있는 잘못된 설명

대야에 물을 조금 받아놓은 다음, 물에 뜨는 발포 스티로폼 위에 작은 양초를 세우고 불을 붙인다. 그리고 양초 위로 유리병을 뒤집어씌운다. 잠시 후 촛불이 꺼지면 병 속의 수위가 상승한다.

이 실험에 관해 "병 속에서 상승한 물의 부피는 병의 용적의 약 20% 정도다. 이것은 산소가 전부 사라지고 생긴 이산화탄소가 물에 녹아서 수위가 올라간 것이다. 이 실험을 통해 공기의 약 20%가 산소임을 알 수 있다."라고 설명하는 경우를 볼 수 있다.

그러나 이 설명은 크게 잘못되었다.

사실 촛불이 꺼져도 산소는 아직 약 16~17% 정도 남아 있다. 그리고 이산화탄소가 물에 잘 녹는 기체이기는 하지만 가만히 놔둬도 저절로 녹는 것은 아니다. 이산화탄소를 물에 녹이려면 잘 흔들어서 섞어줘야 한다. 그렇다면 수위가 상승하는(병 속 기체의 부피가 줄어드는) 이유는 무엇일까? 그것은 기체가 따뜻해지면 팽창하고 식으면 수축하기 때문이다. 불이 붙은 양초 주위의 공기는 촛불 덕분에 따뜻해져 팽창한다. 이렇게 공기가 팽창한 상태에서 병을 뒤집어씌우면 아직 촛불이 타고 있는 동안에 병

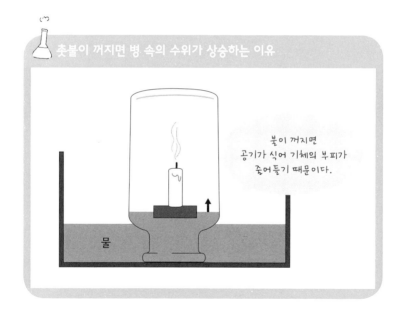

촛불이 꺼지면 병 속의 수위가 상승하는 이유

불이 꺼지면
공기가 식어 기체의 부피가
줄어들기 때문이다.

물

속의 공기가 더욱 팽창해 병에서 공기가 빠져나간다. 그리고 불이 꺼지면 식어서 공기의 부피가 줄어든다. 그 줄어든 부피만큼 수위가 상승하는 것이다.

다이아몬드 불로
송이버섯을
구워 먹는다?

10여 년 전 나는 중·고등학교 과학 수업 시간에 '다이아몬드를 태워서 학생들에게 보여주고 싶다.'는 생각을 했다. 중학교와 고등학교 화학 수업 시간에 "다이아몬드는 탄소 원자만으로 구성되어 있다. 그러니까 다이아몬드를 태우면 전부 이산화탄소가 된다."라고 가르칠 때마다 나는 '직접 실험해보지도 않고 마치 내 눈으로 본 것처럼 말하고 있구나.'라는 생각에 왠지 가슴이 뜨끔했다.

말로만 하지 않고 실제로 보여줄 수는 없을까?

그래서 PC통신과 인터넷 등은 물론 직접 만난 중학교·고등학교 과학 선생님들에게도 "다이아몬드를 태워보신 적이 있습니까?"라고 물어봤다. 그러나 수업에서 '이야기'는 종종 했어도 직접 태워봤다는 사람은 없었다.

이렇게 되자 어떻게든 다이아몬드를 태워보고 싶어졌다.

다이아몬드를 태우려면 먼저 다이아몬드의 원석을 손에 넣어야 한다. 어떻게 하면 다이아몬드를 구할 수 있을까? 나는 다이아몬드 업계 단체에 전화를 걸어서 다이아몬드 수입업자를 소개받았다. 그리고 그 수입업자의 사무실에서 다이아몬드 원석을 입수할 수 있었다.

수입업자는 먼저 5cm×5cm 정도의 작은 비닐주머니에 담긴 크기가 고른 다이아몬드 원석들을 보여줬다. "이건 한 봉지에 얼마나 합니까?"라고 물어보니 200만 엔(약 2,400만 원)이라는 대답이 돌아왔다. 주머니 속에 다이아몬드 원석이 100개 들어 있다고 가정하면 한 개에 2만 엔(약 24만 원)이다. 그래서 "좀 더 싼 것은 없습니까?"라고 부탁하자 다른 것을 보여줬는데, 그중에서 적당한 것을 고르고 있으니 "선생님, 그건 무료로 드리겠습니다."라고 했다. 이렇게 해서 0.05g 정도의 무색투명한 다이아몬드 원석을 10개 정도 얻을 수 있었다.

'다이아몬드는 탄소로 구성되어 있어. 원석을 입수했으니 이제 태우기만 하면 되겠군.' 나는 이렇게 쉽게 생각했다.

다이아몬드는 쉽게 불타지 않는다

나는 즉시 가스 불로 다이아몬드를 세게 가열했다. 그러나 다이아몬드는 타지 않았다. 적열 상태(새빨개질 때까지 가열한 상태)까지는 되었지만, 가열을 멈추면 금방 원래 상태로 돌아왔다.

그래서 이번에는 세게 가열한 직후에 산소 가스를 불어넣어봤다. 공기 속에서는 쉽게 불이 붙지 않아도 산소 가스 속에서라면 불이 붙으리라 생각한 것이다. 그러나 다이아몬드는 여전히 불타지 않았다. 이렇게 해서 나는 다이아몬드가 간단히는 연소되지 않음을 알았다.

그래서 나는 PC통신과 인터넷에서 정보를 조사했다. 그리고 도쿄대학 명예교수인 고지마 미노루(小島稔)가 강의 중에 '가열한 다이아몬드 원석을 액체 산소에 집어넣는' 방법으로 다이아몬드를 연소시켰다는 것을 알아냈다. 또 와다 시로(和田志郎)라는 고교 교사가 다이아몬드의 연소에 성공했다는 정보를 입수해 와다 교사에게도 협력을 요청했다. 그가 성공한 방법은 비장탄(졸가시나무나 떡갈나무, 졸참나무 등을 1,200℃ 이상의 고온에서 구워 만든 숯으로, 일반 참숯에 비해 매우 단단하고 화력이 오래가며 완전 연소되어 탈 때 냄새가 나지 않는다.–옮긴이)에 홈을 내고 그곳에 다이아몬드를 넣은 다음 세게 가열해 새빨개지면 가열을 멈추고 재빨리 산소 가스를 불어넣는 방식이었다. 그러나 우리 앞에서 다시 시도했을 때는 다이아몬드가 타지 않았다. 그뿐만 아니라 다이아몬드를 넣은 파이렉스(내열성 경질 유리) 시험관에 산소 가스를 흘려보내면서 가열해도 시험관에 구멍이 뚫릴 뿐이었다. 이렇게 실패를 거듭했다.

다이아몬드는 네 개의 결합 손을 가진 탄소 원자가 서로 그 손

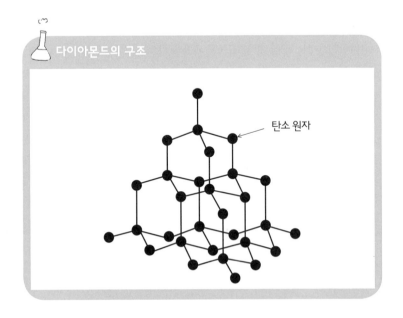

다이아몬드의 구조

탄소 원자

을 잡으며 삼차원적으로 단단히 결합한 거대 분자다. 생각만큼 간단히 산소 원자와 결합하여 이산화탄소가 되어 떨어지지 않는 (연소되지 않는) 것이다.

마침내 다이아몬드 연소에 성공하다

그러나 다이아몬드가 불타지 않는 것은 아니다. 프랑스의 화학자인 앙투안 라부아지에(Antoine-Laurent de Lavoisier, 1743~1794)는 렌즈로 태양빛을 모아서 다이아몬드를 태웠다고 하고, 영국의 물리학자인 마이클 패러데이(Michael Faraday, 1791~1867)도 다이아몬드를 태웠다는 기록이 있다.

『이와나미 이화학사전(岩波理化学辞典)』의 '탄소' 항목에는 "다이아몬드는 700~900℃에서 산소와 반응한다."라고 나와 있다. 나는 연소가 시작되는 온도까지 가열하지 못해서 실패하는 것이라면 열이 도망가지 못하는 상태를 만들어 실험해봐야겠다는 생각이 들었다. 모래 그릇 위에 삼발이의 세라믹 원통(다이아몬드 원석이 쏙 들어가도록 구멍을 넓혔다)을 세워 다이아몬드를 넣고 핸드 버너(설명서에는 화염의 온도가 약 1,650℃로 나와 있다.)로 강하게 가열한 다음, 산소 봄베(압축 가스나 액화 가스를 저장하거나 운반하기 위한 원통형의 내압 용기-옮긴이)로 산소 가스를 불어넣는 방법이다. 이렇게 하면 열이 도망가지 못하게 해 고온을 유지하면서 산소 가스를 불어넣을 수 있을 것이라고 생각했다.

이렇게 가열하자 마침내 다이아몬드에 불이 붙었다! 하얗게 빛을 내면서 다이아몬드 원석이 불타올랐다. 일단 불이 붙은 뒤에는 산소 가스만 불어넣어도 계속 불탔다.

'산소 가스를 사용할 경우 다이아몬드는 과연 몇 도에서 불이 붙기 시작할까?' 나는 궁금해졌다. 그래서 열에 강한 '석영 시험관'을 이용해 불이 붙기 시작하는 온도를 조사해보기로 했다. 석영 시험관은 유리 세공 명인이 석영관으로 제작해주셨다. 석영관 제작 현장을 보니, 시험관의 바닥을 막고 둥글게 만들 때 가는 석영관으로 모양을 조정했다. 이것을 본 순간 내 머릿속이 번뜩였다. '이 가는 석영관 속에 다이아몬드 원석을 넣고 산소 가스를 불어넣으면서 가열하면 화염의 고온 부분이 다이아몬드를 감싸 불이 잘 붙지 않을까?'

나는 먼저 석영 시험관에 다이아몬드 원석과 전자 온도계의 센서를 넣고 산소 가스를 불어넣으면서 가열해 불이 붙는 온도를 조사했는데, 온도가 800℃를 넘겼다. 다음에는 가는 석영관에 다이아몬드 원석을 넣고 산소 가스를 불어넣으면서 가열했다. 과학실에 있는 평범한 가스버너에서 나오는 불꽃의 고온 부분으로 원석을 감싸자 불이 붙었다. 그리고 생성된 기체를 석회수에 통과시키자 뿌옇게 변했다. 즉 이산화탄소가 발생한 것이다. 다음은 내가 성공했던 다이아몬드 연소 방법이다.

[다이아몬드를 태우는 방법]*

① 소형 산소 봄베나 산소가 들어 있는 비닐주머니와 가는 석영관을 연결하고 석영관에 다이아몬드 원석을 넣는다. 그리고 석영관을 다시 고무관이 부착된 유리관에 연결한 다음 유리관을 석회수에 넣는다(가는 석영관에는 끝이 뭉툭한 굵은 철사를 밀어 넣어두면 좋다. 산소 가스를 불어넣을 때 원석이 풍압에 날아갈 경우가 있다).

② 산소 가스를 조금씩 보내면서 다이아몬드 원석을 가열한다.

③ 다이아몬드 원석에 불이 붙으면 가열을 멈춘다. 불꽃을 대서 적열 상태가 되었을 때와 불이 붙기 시작했을 때는 모습이 다르다. 불이 붙으면 원석 전체가 하얗게 빛난다. 가열을 멈춰도 원석은 계속 불타며, 석회수는 뿌옇게 된다. 그리고 결국 전부 타버린다.

* 마침 인터넷상의 '화학 교실 저널'에 글을 써달라는 요청을 받았기 때문에 이 과정을 논문으로 써서 투고했다. 시마키 디케오, 「다이아몬드 연소의 교재화」(http://chem.sci.utsunomiya-u.ac.jp/v2n2/samaki/)다.

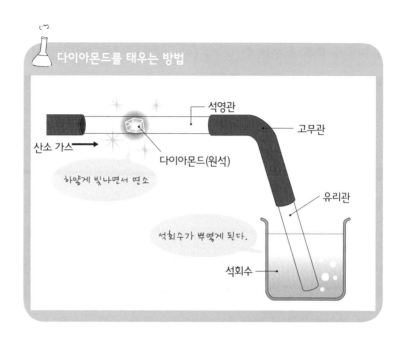

다이아몬드를 태우는 방법

석영관

고무관

산소 가스 →

다이아몬드(원석)

하얗게 빛나면서 연소

유리관

석회수가 뿌옇게 된다.

석회수

"다이아몬드 불구이 송이버섯을 먹고 싶어요"

최근에는 교재를 사면 다이아몬드 한 개를 태우는 실험은 손쉽게 할 수 있게 되었다. 그런데 내게 어려운 과제가 날아들었다. 한 텔레비전 방송에서 초등학생 시청자가 이런 의뢰를 한 것이다.

"광물 도감에서 다이아몬드를 봤는데, '탄소로 구성되어 있다.'라고 적혀 있었어요. 그렇다면 숯하고 똑같이 불이 붙지 않을까요? 제가 좋아하는 송이버섯을 숯불구이가 아니라 다이아몬드 불구이로 먹고 싶어요!"

당연하지만 이 초등학생은 내가 다이아몬드 한 개를 태우는 데도 엄청난 노력을 했다는 사실을 알지 못한다. 다이아몬드를 태우는 것만으로도 쉬운 일이 아닌데 '다이아몬드를 숯불처럼 태워서 송이버섯을 구워 먹고 싶다.'는 것이다! 다이아몬드 한 개를 연소시키는 것은 이제 간단하다. 그러나 송이버섯을 구울 수 있을 만큼 많은 다이아몬드를 태우려면 어떻게 해야 할까?

그 방송을 제작하는 프로덕션의 조감독은 내게 수시로 전화를 걸었다. "소형 풍로를 준비했습니다!" "다이아몬드도 절삭 공구 전문 회사에서 협찬을 받기로 했습니다!" "어떻게 하면 풍로에서 다이아몬드를 태울 수 있을까요?"…….

그러나 나도 그렇게 많은 다이아몬드를 동시에 태운 경험은 없다. 결국은 도전해보는 수밖에 없는 것이다.

다이아몬드를 공기 속에서 불태우려면 상당한 고온이 필요하다. 그래서 나는 산소 봄베를 준비해달라고 요청했다. 산소 가스 속에서라면 다이아몬드를 연소시킬 수 있기 때문이다. 촬영 당일, 출연자와 의뢰인, 의뢰인의 부모가 버너로 풍로 속의 다이아몬드에 강한 화염을 불어넣었지만 다이아몬드는 아무런 변화도 보이지 않았다. 그리고 이때 내가 '다이아몬드 연소의 달인'으로 등장했다. 나는 풍로의 밑 부분에 있는 공기 출입구에 산소 봄베와 연결된 비닐관을 끼우고 산소 가스를 불어넣었다. 그러나 다이아몬드가 가득 들어 있어서 산소가 위로 올라오지 못했다. 버너로 위쪽의 다이아몬드를 가열하자 아래쪽의 비닐관에 열이 전달되었는지 풍로에서 큰 불꽃이 솟았다. 산소 가스 때문에 비닐관이 맹렬하게 불타기 시작한 것이다. 다행히 곧바로 산소 가스를 막아서 큰 사고는 나지 않았다.

그래서 산소 가스를 풍로에 불어넣는 부분을 석영관으로 바꾸고 다이아몬드도 상부에 한두 겹 정도만 채운 다음 재도전했다.

"불이 붙었어요!"

다이아몬드 불로 송이버섯을 구웠다!

백열 상태의
다이아몬드

풍로

산소 가스   석영관

버너의 불꽃을 멀리 떨어트려도 다이아몬드의 일부가 적열 상태가 되었다. 그다음에는 물론 송이버섯을 구워 맛있게 먹었다.

나는 다이아몬드를 협찬한 절삭 공구 전문 회사에서 만든 인공 다이아몬드에도 흥미를 느꼈다. 질소의 영향으로 장식용 다이아몬드처럼 무색투명하지는 않았지만 전부 지름이 1~2mm는 되었다. 촬영에 사용한 다이아몬드만 해도 벤츠 몇 대 가격은 된다고 한다. 벤츠 몇 대 가격의 다이아몬드를 태워서 송이버섯을 구워 먹다니, 참으로 사치스러운 경험이었다.

다이아몬드 불로 구운 송이버섯을 먹어보고 싶어~

죽음의 가스, 일산화탄소

 중독·자살… 일산화탄소는 인체 내 산소 공급을 방해한다

예전에는 가스관 자살 뉴스를 종종 볼 수 있었다. 일본의 경우에
는 일산화탄소가 들어 있는 가스가 주방용 가스로 공급되었던
적도 있었기 때문에 가스관을 입에 물고 자살하는 사람도 있었
다. 요즘도 가스관을 물고 자살을 기도하는 사람이 있는 듯한데,
현재 공급되는 가스에는 일산화탄소가 들어 있지 않기 때문에
아무리 시간이 지나도 죽지 않는다(공기는 전혀 들이마시지 않고
가스만 들이마신다면 산소 결핍으로 죽을 수도 있지만). 어떤 경우에

는 가스가 누출되었는지 모르고 담배를 피우기 위해 불을 붙이거나 냉장고를 열어 모터의 스위치가 켜졌을 때 불꽃이 튀어 폭발 사고가 발생하기도 한다. 폭발 한계가 되면 정전기나 스위치가 켜지고 꺼질 때의 불꽃이 원인이 되어 폭발이 일어난다.

가정에서 가스나 등유가 연소될 때 무서운 것은 일산화탄소 중독이다. 일산화탄소는 무색·무취·무미여서 그 존재를 느끼기가 어려운 기체인데, 독성은 매우 강력하다. 특히 난로 등을 사용하는 겨울철에 일산화탄소 중독으로 사망하는 사고가 종종 발생한다.

일산화탄소는 물질이 불탈 때 많든 적든 발생하게 되어 있다. 특히 숯, 연탄, 연료용 가스, 석유, 온수기나 난로가 불완전 연소될 때는 중독될 만큼 대량의 일산화탄소가 발생하기도 한다. 자동차의 배기가스나 담배 연기에도 일산화탄소가 포함되어 있다.

휘발유 자동차의 배기가스, 담배연기에도 일산화탄소가 들어 있다

우리가 살아가려면 약 60조 개나 되는 세포 하나하나에 산소와 영양분을 계속 공급해야 한다. 산소는 혈액 속의 적혈구에 들어 있는 헤모글로빈과 결합해 세포로 운반된다. 그런데 일산화탄소를 들이마시면 혈액 속에서 헤모글로빈과 강하게 결합한다. 일산화탄소는 산소보다 약 250배나 쉽게 헤모글로빈과 결합한다고 한다. 그러면 각 세포에 산소를 공급할 수 없게 된다.

0.04%라는 수치는 표준 크기의 욕실($5m^3$)에 2ℓ짜리 페트병 하나 분량의 일산화탄소를 섞은 수준이다. 일산화탄소의 농도가 0.04%만 되어도 두통이나 구역질이 날 만큼의 독성이 있다. 바람이 잘 통하지 않는 곳에서 무엇인가를 태우고 있다가 두통이나 구역질을 느낀다면 주의해야 한다.

만약 일산화탄소 중독 증상을 보이기 시작했다면 피해자를 공기가 신선한 곳으로 옮기고 빨리 의사의 진찰을 받게 하자. 호흡

일산화탄소 중독 증상

일산화탄소의 농도	흡입 시간과 중독 증상
0.02%(200ppm)	2~3시간일 때 가벼운 두통
0.04%(400ppm)	1~2시간일 때 두통이나 구역질
0.08%(800ppm)	45분일 때 두통, 현기증, 구역질 2시간일 때 실신
0.16%(1600ppm)	20분일 때 두통, 현기증, 구역질 2시간일 때 사망
0.32%(3200ppm)	5~10분일 때 두통, 현기증 30분일 때 사망

곤란이나 호흡 정지가 일어났을 때는 즉시 인공호흡을 실시한다.

어떤 경우에 중독이 일어날 정도의 일산화탄소가 발생할까?

주된 원인은 불완전 연소다. 또 휘발유 자동차의 배기가스에는 0.2~2%나 되는 일산화탄소가 들어 있다. 담배 연기에 들어 있는 일산화탄소의 경우, 이것이 원인이 되어 중독되는 일은 없지만 몸에는 피해를 입힌다.

무엇인가를 연소시킬 때는 통풍이 잘되게 하는 것, 즉 환기를 잘하는 것이 가장 중요하다. 그리고 연소 기구를 안전하게 사용하려면 정기적인 점검이 가장 중요하다. 불이 붙었을 때 이상한 냄새가 나거나 불꽃이 노란색이 되면 사용을 중지하고 점검이나 수리를 받아야 한다. 또 공기 속의 일산화탄소를 검출해 경고음을 울리는 가정용 경보기도 있으니 일반 가정에도 설치하는 것이 좋다.

밤 새워 읽고 싶어지는 재미있는 화학 이야기

독극물의 대표,
청산 화합물과 비소

과거에 가장 많이 사용되었던 독극물, 청산 화합물

어느 통계에 따르면 제2차 세계대전 이후부터 1952년까지 자살에 가장 많이 사용된 독극물은 청산 화합물(시안화물)이었다. "어떤 독극물을 알고 계십니까?"라고 물으면 "청산가리(시안화칼륨)요."라고 대답하는 사람이 많을 만큼 유명한 독물이다.

독극물로 사용되는 대표적인 화합물은 청산칼륨(시안화칼륨)과 청산나트륨(청산소다, 시안화나트륨)이다. 자살뿐만 아니라 콜라병이나 우롱차 캔 등에 주입해 불특정 다수를 노리는 무차별 살인 사건에 사용되기도 한다. 청산 화합물은 성인이 0.6~0.7g만

먹어도 1분에서 1분 30초 사이에 초기 증상을 일으킨다. 두통과 현기증이 나타나고 맥박이 빨라지며 가슴에 통증이 느껴진다. 그리고 3, 4분 후에는 맥박이 점점 약해지고 호흡이 곤란해지며 구토가 일어나고, 경련을 일으키다가 끝내 의식을 잃고 죽음에 이른다. 치사량 이상을 먹었을 경우 적절한 치료를 받지 않으면 15분 안에 사망한다. 일산화탄소 중독과 마찬가지로 정맥혈이 선홍색이 되기 때문에 이를 통해 청산 화합물 중독을 판단할 수 있다.

청산칼륨이나 청산나트륨이 위에 들어가 위산(묽은 염산)을 만나면 청산가스(시안화수소)가 발생하는데, 바로 이 청산가스가 맹독이다. 따라서 청산 화합물 중독자에게 '마우스 투 마우스' 인공호흡을 해서는 절대 안 된다. 본인이 청산가스를 마시게 되기 때문이다.

살구씨에도 독이 있다

자연계에도 청산독이 있다. 매실과 살구, 복숭아의 씨에는 아미그달린이라는 청산 배당체(청산과 당의 화합물)가 들어 있다. 이 아미그달린은 효소 분해되어 불안정한 시아노히드린이라는 물질이 되며, 시아노히드린은 다시 맹독인 청산가스(시안화수소)로 분해된다. 서양에서는 실수로 살구나 아몬드 씨앗을 날로

먹었다가 중독을 일으킨 사례가 있다. 어린아이의 경우 살구씨 알맹이를 날로 5~25알 먹으면 죽음에 이를 수 있다고 한다.

물론 이런 과일의 씨앗은 옛날부터 기침을 진정시키는 약으로 사용되었지만 지나치게 많이 먹어서는 안 된다.

바보의 독물, 비소

비소의 독성은 유기 비소보다 무기 비소가 더 강하며, 그 중에서도 아비산염이 가장 강하다고 알려져 있다. 비소 중독의 대표적인 예로는 아비산염이 사용된 와카야마 독극물 카레 사건

(1998년 7월 25일에 일본 와카야마 현 와카야마 시의 여름 축제에서 독극물이 든 카레를 먹고 4명이 사망, 63명이 중독 증상을 보인 사건-옮긴이)이 유명하다. 이처럼 한 번에 대량으로 섭취했을 때 일어나는 '급성 중독'과 장기간에 걸쳐 섭취함에 따라 일어나는 '만성 중독'이 있다.

고대 그리스에서는 비소와 비소 화합물을 강장제나 증혈제(增血劑)로 사용했으며, 중세 이후에는 역사나 소설 속에서 자살 또는 타살을 위한 독으로 종종 등장했다. 무색·무취·무미인 '아쿠아 토파나(Acqua Toffana)'라는 삼산화이비소 수용액은 조금씩 섭취하면 피부가 하얘져 미인이 된다고 해서 부인들이 애용했는데, 가톨릭의 교리상 이혼이 허용되지 않는 나라에서는 남편을 독살하려는 목적으로 사용되기도 했다. 삼산화이비소는 '아비산(비상)'이라고도 부른다. 일본에서는 오래전부터 삼산화이비소를 쥐약으로 사용했으며, 살인에도 사용되어왔다.

비소를 '바보의 독물'이라고 부르기도 하는데, 과거에는 비소를 손쉽게 입수할 수 있었기 때문인 듯하다. 또 19세기에 간이 비소 검출법이 개발된 이후로 비소 중독을 금방 알 수 있게 되었기 때문인지도 모른다. 현재는 주변에서 비소 화합물을 쉽게 구할 수 없으므로 범죄에 사용되면 즉시 수사 대상이 좁혀진다.

나폴레옹은 독살당했다?

　　유배지인 대서양의 외딴 섬 세인트헬레나에서 죽음을 맞이한 프랑스의 황제 나폴레옹 1세(1769~1821)의 사인은 위암으로 알려져 있는데, 이는 그가 사망한 당시 공식 발표된 내용이다. 그런데 머리카락을 분석한 결과 비소 암살설도 대두되었다. 비소는 몸속에 들어가면 혈액과 함께 머리카락과 손톱 등으로도 전해져 잔류한다. 덕분에 분석이 용이해 비소 중독 여부를 간단히 알 수 있는데, 나폴레옹의 머리카락에서는 일반적인 수치보다 수십 배나 많은 비소가 검출되었다.

　　그러나 이것만으로 비소를 사용한 암살이라고 단정할 수는 없다. 나폴레옹이 살던 시대에는 포도주통을 씻는 데 비소를 사용했기 때문이다. 따라서 포도주 애호가였던 나폴레옹의 몸속에서 비소가 검출되었다고 해도 이상한 일은 아니다. 또 세인트헬레나에 가기 전이나 어린 시절의 머리카락에서도 다량의 비소가 검출되었다. 당시는 생활 속에서 비소가 많이 사용되었으므로 몸속에 비소가 다량 있다고 해도 딱히 이상한 일은 아닌 것이다.

　　마지막 5개월 동안 입었던 바지와 주치의의 기록을 살펴본 결과 나폴레옹의 몸무게가 11kg이나 감소했다는 연구도 있다. 또 사후 해부 소견에서 위궤양으로 위에 구멍이 뚫려 있었음이 확인되었고 초기암도 발견되었다. 이에 따라 위암이 아니라 위궤양으로 사망한 것이 아닐까 하는 견해도 있다. 그러므로 지금까지 비소 암살설이 주류가 된 적은 없으며, 위암 혹은 위궤양에 따른 병사가 유력해 보인다.

일본에도 비소와 관련된 일화가 있다. 오사카 부 다카쓰키 시에 있는 아부야마 고분(阿武山古墳; 7세기)에 매장된 인물의 머리카락에서 비소가 검출되었는데, 이 고분은 일본의 정치개혁인 다이카 개신으로 유명한 후지와라노 가마타리(藤原鎌足, 614~669)의 묘가 아니냐는 설이 있다. 『일본서기(日本書紀)』를 보면 가마타리가 죽기 수개월 전부터 앓아누워 덴치 덴노가 병문안을 왔다는 기록이 있는데, 만약 이것이 사실이라면 누군가가 그에게 다량의 비소를 먹여 암살했다고는 생각하기 어렵다. 다량의 비소를 먹었다면 몇 달씩 앓아누울 여유도 없이 금방 죽었을 터이기 때문이다. 아마도 불로장생의 약이라며 비소가 들어간 선약(仙藥)을 매일 조금씩 먹는 바람에 머리카락에 축적된 것이 아닐까 추측하고 있다.

물을 하루에 얼마나 마셔야 할까

물건, 물체, 물질의 차이

우리 주변에는 무수히 많은 '물건'이 있다. 인간은 이 지구상에 등장한 이래 주변에 있는 수많은 물건을 이리저리 만져보고 성질을 파악해 효과적으로 이용했으며, 그것을 변화시켜 새로운 '물건'을 만들어왔다.

물건은 아무리 작아도 질량과 부피를 가지고 있다. 달리 말해, 질량과 부피를 가지고 있으면 그것은 '물건'이다. 우리는 어떤 물건을 모양이나 크기, 용도, 재료 등에 주목해 구별한다. 특히 모양이나 크기 등의 외형에 주목할 경우는 그것을 물체라고 한다.

가령 컵에는 유리로 만든 것, 종이로 만든 것, 금속으로 만든 것 등이 있는데, 컵이라는 물체를 이루는 재료에 주목할 때 그 재료를 물질이라고 한다.

즉, 물질이란 '물건'의 재료라고 할 수 있다.

화학이라는 학문에서는 이 물질이 '무엇으로 구성되어 있는 가?'라는 재료에 주목할 때가 많다. 물질을 화학 물질이라고 부르기도 한다. 화학 물질이라고 하면 왠지 위험하다는 이미지가 있는데, 사실 화학 물질이란 우리 인간은 물론이고 우리 주위의 공기와 물, 옷, 건축물, 음식, 흙, 암석 등 온갖 것을 이루는 물질을 뜻한다.

아기의 피부는 왜 촉촉할까

우리의 몸에서 물의 비율은 일반적으로 성인 남성의 경우 몸무게의 약 60%, 성인 여성의 경우 약 55%다. 남성과 여성의 비율이 다른데, 남성은 근육이 많고 여성은 지방이 많기 때문이다. 근육 조직에는 물이 많지만 지방 조직에는 물이 적다. 아기는 몸의 약 80%가 물이지만 어른이 되면 60%로 줄어들며, 60세에는 50%대로 떨어진다. 아기의 피부는 촉촉하고 탱탱한데 반해 할아버지의 피부는 쪼글쪼글한 이유는 바로 몸속에 들어 있는 물의 비율이 다르기 때문인 것이다.

몸속을 돌아다니는 물에는 여러 가지 물질이 녹아 있다. 몸속을 빙빙 돌면서 각 세포에 영양분과 산소를 공급하고 불필요한 것을 흡수해버리는 일은 물의 중요한 역할 중 하나다.

사람이 살아가기 위해 필요한 물의 양은 하루에 약 2~2.5l라고 한다. 이 양은 몸의 크기 외에 외부의 상태나 운동의 유무 등에 따라서도 좌우된다. 한편 몸에서 나가는 물은 대부분 소변의 형태로 빠져나간다. 그리고 우리의 몸에 들어오는 물과 나가는 물

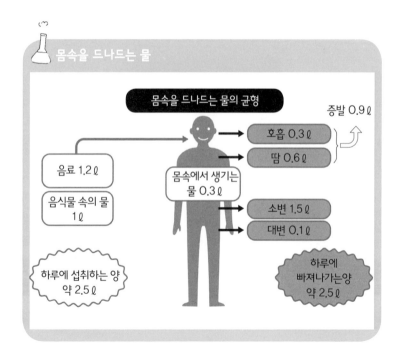

의 양은 거의 같아서 균형을 이룬다.

영양분이나 산소를 운반하는 역할, 화학 반응이 일어나는 장소, 또 체온이나 침투압을 조정하는 역할 등 물은 우리의 생명에 없어서는 안 될 중요한 물질이다.

 ### DHMO를 먹어서는 안 된다?

미국에서 어떤 학생이 디하이드로젠 모노옥사이드(Dihydrogen Monoxide, 이하 DHMO)라는 이름의 화학 물질을 금지하자는 서명 운동을 벌였다고 한다.

"무색, 무취, 무미한 물질인 DHMO는 매년 셀 수 없이 많은 사람을 죽이고 있습니다. 대부분의 사인은 DHMO의 우연한 흡입에 따른 것입니다. 또 DHMO의 고체를 만지기만 해도 격렬한 피부 장애를 일으킵니다. 그뿐만이 아닙니다. DHMO는 산성비의 주성분이며, 온실 효과의 원인이기도 합니다. 이런 DHMO가 현재 미국의 거의 모든 하천과 호수, 저수지에서 발견되고 있습니다. 아니, 전 세계가 오염된 상태입니다. 남극의 얼음에서도 발견되었을 정도입니다. 그러나 미국 정부는 이 물질의 제조와 확산을 금지해달라는 요청을 거부하고 있습니다. 지금이라도 늦지 않았습니다! 더 큰 오염을 막기 위해 행동해야 합니다."

이런 호소에 많은 사람이 서명했다고 한다.

이 디하이드로젠 모노옥사이드란 위험 물질의 정체는 무엇일까? 사실은 일산화이수소다. 화학식으로 나타내면 H_2O, 쉽게 말해 물이다. 이 서명 운동을 한 사람의 목적은 "좀 더 제대로 된 과학 교육을 해야 한다."라고 경고하기 위해서였다. 분명히 많은 사람이 물에 빠져 죽고 있고, 물은 산성비의 주성분이며, 수증기는 대기 속의 온실 가스로서 최대의 온실 효과를 낸다.

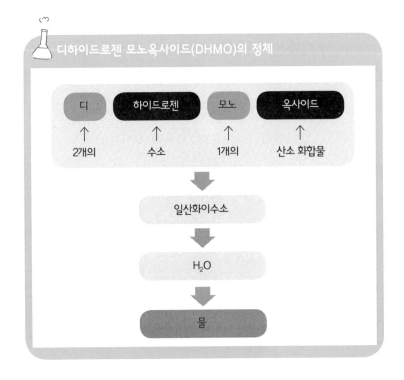

디하이드로젠 모노옥사이드(DHMO)의 정체

디	하이드로젠	모노	옥사이드
↑	↑	↑	↑
2개의	수소	1개의	산소 화합물

일산화이수소

H_2O

물

화학 물질에는 언뜻 어려워 보이는, 위험한 것 같은 이름이 붙어 있을 때가 종종 있다. 그러나 그런 이미지에 현혹되지 말고 실체를 똑바로 바라봐야 한다.

물을 마시지 않으면 어떻게 될까? 물을 너무 많이 마시면?

건강한 성인의 몸은 약 60%가 물로 구성되어 있으며, 이 가운데 20%를 잃으면 죽음에 이른다고 한다. 몸무게가 60kg이라면 몸속의 물의 양은 약 36kg이며, 여기에서 20%라면 7.2kg이다. 몸에서 이만큼의 물이 빠져나가면 우리는 살지 못한다는 뜻이다.

사람은 소변이나 땀 등의 형태로 하루에 약 2kg 정도의 물을 배출한다. 7.2kg이면 약 3.6일분이다. 물론 실제로 물의 섭취를 끊으면 몸에서 배출되는 양도 줄어들 것이므로 조금은 더 오래 살 수 있겠지만, 단순 계산으로는 물을 나흘만 안 마셔도 생명이 위험한 셈이다.

종교 수행 등에서 단식을 할 때도 음식은 먹지 않지만 물은 마신다. 물만 마실 수 있다면 아무것도 먹지 않아도 2~3주는 살 수 있다는 데이터도 있다. 그만큼 물은 생명에 중요한 요소라고 할 수 있다.

이렇듯 인간에게 없어서는 안 될 물도 너무 많이 마시면 몸에 좋지 않으며 때로는 죽음에 이르기도 한다. 실제로 2007년 1월에 미국의 '물 많이 마시기 대회'에서 화장실에 가지 않고 물 7.6ℓ를 마신 28세의 여성이 다음날 집에서 사망한 사례가 있다. 물을 갑자기 대량으로 섭취하면 나트륨 이온 등 전해질의 농도가 저하되어 물 중독 상태가 된다.

시민 마라톤 등을 할 때 물을 지나치게 많이 마시면 물 중독으로 사망하거나 건강을 해칠 수 있다. 몸속의 독소를 배출한다면서(디톡스라고 한다) 물을 잔뜩 마셨다가 물 중독이 된 사람도 있다. 안전하다고 생각하는 물조차 잘못 섭취하면 중독이 되는 것이다.

물뿐만 아니라 무엇이든 너무 많이 먹는 것은 좋지 않아.

간장을 한꺼번에 들이마시면 어떻게 될까

병역을 기피하려고 간장을 대량으로 마시다

앞에서 소개했듯이, 물조차도 중독을 일으킬 수 있다. 즉 생각하기에 따라서는 이 세상의 모든 물질이 '독'이라고 해도 과언이 아닐지 모른다. 그러나 그런 물질들이 '독성'을 나타내려면 '필요한 양'이 '필요한 장소'에 있어야 한다. 어떤 물질의 독성을 생각할 때 그 물질을 독물이냐 독물이 아니냐로 나누는 것이 아니라 '어느 정도의 양을 어떻게 섭취하면 독이 되는가?'라는 관점에서 생각해야 한다.

우리와 친근한 물질인 식염(소금)의 안전성에 관해 생각해보

자. 대부분의 남자들은 성인이 되면 군대에 가기 위해 신체검사를 받게 된다. 이때 몸과 정신의 상태에 따라 여러 등급으로 판정을 받게 되는데, 어느 수준으로 건강 상태가 좋지 않은 경우 하위 등급으로 판정을 받으면 군복무를 면제받는다. 예전에는 간혹 군복무를 피하려고 검사 전에 간장을 대량으로 마시는 사람들이 있었다고 한다. 간장을 마시면 얼굴색이 창백해지고 심장 고동이 빨라지므로 심장병처럼 보여 병역 면제 판정을 받을 가능성이 높아지기 때문이다. 그러나 때로는 이로 인해 쉽게 치료되지 않는 병에 걸리거나 죽는 경우도 있었다고 한다.

간장은 어떤 성분일까

간장은 강한 감칠맛(특히 글루타민산이라는 아미노산)을 지니고 있다. 또 그 밖에도 당질과 유기산 등이 조합되어 감칠맛을 더한다. 조미료에 사용되는 글루타민산나트륨을 대량 섭취했을 때 나타난다는 '중화요리 증후군'(두통, 안면 홍조, 발한 등)이 화제가 된 적이 있다. 그러나 현재는 중화요리 증후군과 글루타민산나트륨의 섭취 사이에 상관관계가 없는 것으로 알려져 있다.

그렇다면 간장을 대량으로 섭취했을 때 문제가 되는 것은 무엇일까? 바로 주성분이 염화나트륨인 식염이다. 일반적인 간장의 염분 농도는 약 16%다. 이 경우 밀도가 1.12g/cm³ 정도이므로 가령 간장 100ml의 무게는 112g이다. 그리고 그중에서 소금의 양은 112×0.16=약 18g이다.

사람이 시안화칼륨(청산칼리)을 먹으면 몸속에서 분해되며 유독 가스가 발생해 즉시 중독 증상을 일으킨다. 그리고 먹은 양이 150mg 이상이라면 사망한다.

이와 같이 몸속에 들어갔을 때 단시간에 나타나는 독성을 급성 독성이라고 한다. 이런 급성 독성의 치사량은 생쥐나 곰쥐, 모르모트 등의 실험동물을 이용해 조사하는데, 일반적으로는 실험동물의 50%를 사망시키는 투여량(이것을 LD50 또는 '반수치사량'이라고 부른다)을 몸무게 1kg당으로 환산해 수치화한다.

모르모트의 경우 몸무게 1kg당 15mg의 청산가리(시안화칼륨)를 경구 투여하면 절반이 죽는다. 이때 경구 LD50은 몸무게 1kg당 15mg이 된다. LD50이 작을수록 독성이 강한 셈이다.

 간장을 한꺼번에 들이마시면 식염 중독을 일으킨다

식염의 급성 독성 반수치사량(LD50)은 몸무게 1kg당 3~3.5g이라고 한다(문헌에 따라서는 1kg당 0.75~5g이나 0.5~5g 등도 있었다. 같은 경구 섭취라 해도 실험동물이 곰쥐냐 생쥐냐에 따라

LD50이 다른 듯하다). LD50을 몸무게 1kg당 3g으로 보고 몸무게 60kg인 사람을 기준으로 생각하면, 180g을 먹었을 때 먹은 사람들 중 50%가 죽게 된다. 이것은 간장 1l의 함유량에 해당한다(LD50에는 범위가 있고 사람에 따라 컨디션의 차이도 있으므로 이보다 소량이라도 위험할 수 있다).

식염 중독은 고농도 식염수로 위세척을 했을 때, 구토를 유도하기 위해 식염수를 다량으로 마시게 했을 때 등 의료 현장에서 일어난 사례도 있다. 식염 중독이 되면 각 장기의 울혈, 지주막하(蜘蛛膜下, 뇌나 척수를 덮고 있는 세 층의 수막髓膜 가운데 중간의 얇고 거의 투명한 막의 아래를 말함-옮긴이)나 뇌 내의 출혈 등이 발견된다. 자살 목적으로 간장 약 600ml를 마신 사례에서는 의식이 점차 저하되고, 안면 경련과 전신 경련을 일으키며, 결국에는 뇌부종에 따른 중심성 헤르니아로 뇌사 상태가 되었다. 이 사례에서 중심성 헤르니아(체내의 장기가 본래의 부위에서 일탈한 상태. 탈장이라고도 한다.-옮긴이)가 된 이유는 침투압을 낮출 목적으로 5% 포도당 용액을 급속 수액한 것이 원인이라고 한다. 따라서 식염 중독을 치료할 때는 침투압을 천천히 낮추는 방법이나 복막 투석 등의 수단을 선택해야 할 것으로 생각된다.

| 참고문헌 |
사토 고지(佐藤幸治), '간장 다량 음용에 따른 식염 중독의 일례' 〈중독 연구 6(中毒研究6)〉: 69-72.

무서운 생물독을 지닌 살무사와 왜문어

 살무사에게 물린 경험

나는 살무사와 왜문어(문어에 비해 훨씬 작은, 문어과에 속한 연체동물 - 옮긴이)에게 물린 적이 있다. 어떤 사람은 이 이야기를 듣고 "그런 경험을 한 사람은 거의 없을 겁니다."라며 놀라기도 했다.

어렸을 때 주변에 산이 있는 농촌에서 자란 나는 벌에 쏘이기도 하고, 털벌레를 만졌다가 두드러기가 오르기도 하고, 옻을 타기도 하고, 버섯을 캐서 찌개를 끓여 먹었다가 가족 전체가 중독되기도 하는 등 중독 경험이 많다.

먼저 살무사에 물린 경험을 이야기하면 이렇다.

벌써 20년도 더 지난 일이지만, 호수로 가족 전체가 놀러 간 적이 있다. 하루 동안 호수를 일주하는 하이킹이었다. 나무들 사이로 호수를 바라보면서 차도 겸 자전거 도로인 약 14km의 주유로(周遊路)를 걷다가 조금 지겨워진 나는 호숫가로 내려가보고 싶어졌다. 그래서 수풀을 헤치며 아래로 내려가는데 갑자기 발에 통증이 느껴졌다. 기분이 좋지 않아 도로로 돌아왔는데 올라오면서 보니 도로변에 '살무사 주의'라는 간판이 있는 것이 아닌가? 급히 양말을 벗어보니 다리에 약 1cm 간격으로 구멍이 두 개 생겼고 피가 조금 나고 있었다. 살무사의 모습을 본 것은 아니어서 단언할 수 없지만, 정황상 살무사에 물렸다고 추정할 수 있었다. 다행히 양말 위를 물려서 상처는 깊지 않았다.

나는 바늘에 찔린 것 같은 통증이 조금씩 강해지는 다리를 질질 끌면서 숙소로 돌아왔다. 마침 숙소에 의사와 간호사가 있어서 상처를 보여주자, "살무사에 물렸을 가능성이 높으니 당장 병원에 가보세요."라고 조언해줬다. 그리고 마을 병원에서 "살무사네요."라는 의사의 진단을 받고 몇 시간 동안 점적 주사(링거줄을 통해 수액을 방울로 투여하는 방법-옮긴이)로 해독제를 맞았다. 숙소로 돌아올 때 의사는 "혹시 내일 발이 부으면 다시 오십시오."라고 말했는데, 다행히 다음날에는 발도 붓지 않았고 통증도 없었다.

어렸을 때부터 살무사와 마주친 적이 여러 번 있었지만 어떻
게 대처해야 하는지는 전혀 신경 쓰지 않았다. 과학 교사 시절,
학생들을 데리고 소풍을 갔는데, 그곳에서 어떤 학생이 살무사인
지도 모르고 새끼 살무사의 꼬리를 잡고 빙빙 돌리다가 물리는
바람에 병원에 데리고 간 경험도 있다.

독성을 품은 살무사와 왜문어, 파란고리문어

살무사

외투막

왜문어

파란고리문어

살무사에게 물리지 않으려면

보건소 웹사이트의 '살무사 대책'에 따르면 '매년 살무사에 물려 10~20명이 사망하고 있으며, 급성신부전 등을 일으키는 중증 사례는 아마도 그보다 몇 배는 된다.'라고 한다. 살무사 등 독사의 독성분은 수십 종류의 서로 다른 단백질로 구성되어 있으며, 그 단백질 하나하나가 다른 작용을 한다. 살무사의 경우는 주로 혈관의 조직을 파괴하는 '출혈독'이다.

살무사 등에 물리지 않으려면 다음과 같은 예방 대책을 따르는 것이 좋다. '버섯을 캘 때는 막대 등으로 주위를 두드려 뱀이 없는지 확인한다. 뱀이 물 수 있는 거리는 30cm 정도이므로 발과 막대의 거리는 그 이상을 유지한다. 낙엽이나 흙 위에서는 뱀의 몸이 보호색을 띠므로 발견하기가 매우 어려우며, 낙엽 밑에 숨으면 전혀 알 수 없다. 장화를 신으면 도움이 되는데, 이때는 물리더라도 독이 몸속에 들어가지 않는다.'

만약 물렸다면 정맥에 혈청을 투여하는 방법이 효과적이라는 것도 알아두면 좋은 정보다.

 ## 왜문어에도 독이 있다

최근에는 지구 온난화의 영향인지 '파란고리문어가 북

상 중'이라는 기사를 읽었다. 파란고리문어는 문어 종류 중에서는 작은 편이지만 몸의 표면과 다리에 코발트블루색의 고리무늬 또는 줄무늬가 있어서 누가 봐도 맹독을 가지고 있을 것 같은 느낌을 준다. 왜문어에게 물리면 테트로도톡신이라는 강력한 독이 주입되어 격렬한 중독 증상을 일으킨다. 호주에서는 왜문어에게 물린 사람이 사망한 예가 있다.

이 파란고리문어는 '왜문어'에 속한다. 그렇다면 왜문어에 속하는 문어에게 물리면 어떻게 될까?

학생들과 합숙을 갔었을 때의 일이다. 바다에서 학생들과 물놀이를 하고 있는데 발에 툭 하고 무엇인가 단단한 것이 닿았다. 들어올려 보니 통 모양의 용기였고, 그 안에 왜문어가 들어 있었다. 나는 "문어를 잡았다!"라고 소리치며 해변으로 올라왔다. 그러자 학생들은 물론이고 주변에 있던 사람들도 모여들었다. 나는 사람들에게 문어를 보여주려고 왼손을 펼쳐 손바닥 위에 문어를 올려놓았다. 손바닥 위에 올라온 문어는 팔 쪽으로 올라가기 시작했다.

바로 그때였다. 갑자기 격렬한 통증이 느껴졌다. 왜문어는 입의 내부에 새의 부리처럼 생긴 악치(顎齒)를 가지고 있다. 그런데 왜문어가 그 악치를 내 팔에 꽂고 독선에서 독을 주입한 것이다. 구경꾼들은 문어의 움직임을 보고 웃고 있었다. 나는 통증을 참으면서 팔에서 문어를 떼어놓았다. 그러자 문어는 어기적거리며 바다로 돌아갔다. 구경꾼들은 그 모습에도 웃었지만, 그 뒤에서 나는 팔을 힘껏 누른 채 통증을 참고 있었다. 상처는 욱신욱신 아팠고, 상처를 누르자 무색투명한 림프액이 새어나오며 부어올랐다.

　이때는 병원에 가지 않고도 자연 치유되었지만, 치료되기까지 1~2주 정도 걸렸다. 지금도 내 팔에는 그 흉터가 흐릿하게 남아

맹독 생물 베스트10

순위	생물명	종류	독의 종류	반수치사량(mg/kg)
1	마우이말미잘	말미잘	신경독	0.00005~0.0001
2	호주상자해파리	해파리	혼합독	0.001
3	피토휘	새	신경독	0.002
4	맹독화살독개구리	개구리	신경독	0.002~0.005
5	하부해파리	해파리	혼합독	0.008
6	애어리염낭거미	거미	신경독	0.005
7	캘리포니아영원	영원	신경독	0.01
8	지도청자고둥	조개(청자고둥)	신경독	0.012
9	파란고리문어	문어	신경독	0.02
10	인랜드타이판	뱀	신경독	0.025

있다.

　나중에 안 사실이지만, 왜문어를 잡을 때는 외투막(연체동물의 내장 덩어리를 덮고 있는 근육질의 막-옮긴이)에 손가락을 넣고 잡아야 한다고 한다.

독가스를 개발하다
—유대인 화학자
하버의 슬픈 생애

독일의 화학자인 프리츠 하버(Fritz Haber, 1868~1934)
는 유대인이라는 이유로 좀처럼 대학 조교 자리를 구하지 못했는
데, 30세가 되어 간신히 대학 조교로 채용되자 열심히 연구를 시
작했다.

1906년에 드디어 화학 교수가 된 하버의 관심사는 당시 화학
계의 가장 큰 주제였던 공기 속의 질소를 화합물로 고정시키는
일이었다. 당시의 질소 비료는 초석(질산칼륨)이나 칠레 초석(질
산나트륨)이었다. 농작물을 키울 때 가장 부족하기 쉬운 양분은

세포의 단백질 합성에 꼭 필요한 질소다. 질소는 공기 속에 많이 있지만 질산염이나 암모늄염 등 질소 화합물의 형태로 만들지 않으면 비료로서 식물이 흡수하지 못한다. 그래서 자연에서 나오는 질산이나 석회를 건류할 때 부산물로 얻는 암모니아가 산업 원료나 비료로 사용되어왔다. 이 때문에 칠레산 칠레 초석이 사용되었는데, 자원 고갈이 우려되는 상황이었다.

그렇다면 공기의 부피 중 5분의 4를 차지하는 질소를 이용할 수는 없을까?

많은 화학자의 도전이 실패로 끝나는 가운데 하버는 독일의 화학 회사인 BASF(바스프)사의 카를 보슈(Carl Bosch, 1874~1940)로부터 기술 협력을 받아 하버-보슈법을 개발했고, 결국 이 방법이 공업화로 이어졌다. 이것은 당시의 화학 공업계에서는 경험한 적이 없는 200기압이라는 고압과 550℃라는 고온에서 질소와 수소를 반응시키는 방법이다. 가장 큰 난관은 고온·고압에 견딜 수 있는 반응 장치를 개발하는 일이었는데, 이 반응 장치의 개발은 보슈가 담당했다. 보슈는 철제 반응 장치가 갑자기 파열되어 죽을 뻔한 적도 있었지만 마침내 고온·고압에도 끄떡하지 않는 반응 장치를 만드는 데 성공했다.

하버와 보슈는 암모니아 합성법의 성공으로 독일뿐만 아니라 세계의 식량 생산에 크게 공헌했다. 그리고 이 업적을 인정받아

각각 1918년과 1931년에 노벨 화학상을 받았다.

암모니아 합성법의 성공과 제1차 세계대전

1913년, 독일에서는 하버-보슈법을 이용해 공기 속에 있는 질소로 암모니아를 제조하는 방식의 공업화가 시작되었다. 그해 여름에 오파우의 공장에서 암모니아 제조가 시작된 것이다. 암모니아에서는 질산을 만들 수 있으며, 질산에서는 화약류를 만들 수 있다.

그리고 1914년 말, 제1차 세계대전이 발발했다.

하버와 보슈가 암모니아 합성에 성공했을 때, 당시의 독일 황제는 "이제 안심하고 전쟁을 할 수 있겠군!"이라고 말했다는 일화가 있다. 해상 봉쇄를 당해 칠레 초석의 수입이 어려웠던 시기였으니 충분히 있을 수 있는 이야기다. 전쟁을 수행하려면 빵(식량)과 화약(탄약)이 대량으로 필요하다. 그런데 암모니아가 있으면 빵(식량)을 만들기 위한 질소 비료는 물론이고 화약의 원료가 되는 질산도 만들 수 있는 것이다.

그러나 이 이야기는 사실이 아니다. 하버와 보슈의 합성법이 아직 완성되기 전, 전쟁의 기운이 드리우기 시작할 무렵에 화학자인 에밀 피셔(Hermann Emil Fischer, 1852~1919) 등이 빵과 화약의 생산을 걱정하자 정부는 "학자가 군대 일에 참견하지 마시오."라고 일축했다. 군 당국은 단기간에 전쟁을 끝낼 수 있다고 생각했던 것이다.

그러나 제1차 세계대전은 5년이나 계속되며 대량의 화약이 사용되었고, 암모니아 합성법의 공업화는 결과적으로 빵과 화약이라는 양면에서 전쟁을 뒷받침했다.

 바닷물에서 금을 채취할 수 있을까

제1차 세계대전에서 패배한 독일은 막대한 배상금을 물어야 했다. 하버는 독일을 위해 바닷물 속에 있는 금을 채취해 배상금을 내자고 생각했다. 당시에는 바닷물 1톤당 수 밀리그램 정도의 금이 들어 있다고 생각되었다. 그래서 하버는 '바닷물에서 금을 추출하면 된다.'라고 생각한 것이다. 그는 함부르크와 뉴욕을 왕복하는 여객선에 비밀 실험실을 차리고 회수 실험을 거듭했다.

그러나 하버는 측정 결과 바닷물 속에 있는 금의 농도가 1톤당 0.004mg에 불과하다는 사실을 알게 되었다(현재는 더욱 적을 것으로 여겨지고 있다). 실제로 채취한 금의 양은 제로였다. 또 설령 채취에 성공한다 해도 채취하는 데 그 금보다 몇 배나 많은 돈이 들어가기 때문에 결국 계획을 포기할 수밖에 없었다.

강하게, 더 강하게! 독가스 개발의 참상

1915년 4월 22일, 벨기에의 이페르. 독일군과 프랑스군이 대치하는 가운데 독일군의 진지에서 황백색 연기가 봄바람을 타고 프랑스군 진지로 흘러갔다. 연기가 참호 속으로 들어간 순간, 프랑스군 병사들은 가슴을 쥐어뜯고 비명을 지르며 쓰러졌다. 참호 안은 순식간에 아비규환의 생지옥으로 변했다.

독일군이 염소 가스 170톤을 방출해 프랑스군 5천 명이 사망하고 1만 4천 명이 중독된 사상 최초의 본격적인 독가스전, 제2차 이페르 전투의 모습이다. 이 독가스전의 기술 지휘관은 바로 하버였다. 하버는 "독가스 병기로 전쟁을 빨리 끝낼 수 있다면 무수한 인명을 구할 수 있다."라는 논리로 다른 과학자들을 설득해 독가스 병기의 개발에 끌어들였다.

한편 하버의 아내인 화학자 클라라(Clara Immerwahr, 1870~1915)는 독가스를 이용한 화학전이 얼마나 비참한지 알고 있었기에 화학전에서 손을 떼라고 남편에게 간청했다. 그러나 하버는 아내의 만류를 뿌리치고 "과학자는 평화로울 때는 세계에 속하지만 전쟁 중에는 조국에 속하오. 독가스가 있으면 독일은 신속

한 승리를 거둘 것이오."라며 동부 전선으로 출발했다. 그리고 그 날 저녁, 클라라는 스스로 목숨을 끊었다.

'독가스'를 넓은 의미로 해석할 경우, 그것을 전쟁에서 제일 먼저 사용한 나라는 프랑스로 여겨지고 있다. 프랑스는 "우리가 사용한 브롬화아세트산 에스테르는 단순한 자극제이므로 독가스가 아니다!"라고 변명하지만, 제1차 세계대전에서 최초로 독가스(최루 가스)를 사용했다. 그러나 본격적인 독가스는 제2차 이페르 전투에서 사용되기 시작했다고 할 수 있을 것이다. 제2차 이페르 전투 이후 영국군은 같은 해 9월에, 프랑스군은 이듬해인 1916년 2월에 염소 가스로 보복했다.

독일과 연합국은 모두 우수한 과학자를 동원해 '독가스 제조'에 몰두했다. 염소 가스에 대해 방독 마스크 등의 대책이 마련되자 독성이 염소 가스의 10배나 되는 질식성 가스인 포스겐, 접촉하기만 해도 피부에 화상을 입고 심한 폐기종과 간 장애를 일으키는 무색의 머스터드 가스(이페리트)로 발전해갔다. 그리고 그 선두에는 하버가 있었다.

그러나 히틀러가 독일을 지배하자 유대인인 하버는 냉대를 받게 되었다. 그 누구보다 애국심이 강한 화학자였던 하버도 카이저빌헬름 연구소장을 사임하고 일개 유대인 하버가 될 수밖에 없었다. 그리고 몸과 마음 모두 피로에 지친 하버는 요양을 위해 독일

독가스 등 화학 병기의 등장

연대	사건
1914	제1차 세계대전 발발
1915	독일이 벨기에의 이페르에서 처음으로 독가스를 사용
1925	화학 병기 사용을 금지하는 제네바 의정서 체결
1932	일본의 민주국 성립과 독가스 훈련장 설립
1935	영국이 에티오피아에서 독가스 사용
1937	일본군이 중국 전선에서 독가스 사용을 개시
1945	히로시마·나가사키에 원폭 투하
1988	이라크가 쿠르드인 지역에 독가스 사용
1995	일본 지하철 사린가스 사건
1997	화학 병기 금지 조약 발효

을 떠나 스위스의 사나토리움으로 향했다. 이후 영국에서 그를 초청했지만, 하버의 독가스 병기에 대한 증오가 남아 있던 영국은 하버에게 살기 좋은 환경이 아니었다. 실의 속에서 스위스로 요양 여행을 떠난 하버는 1934년 1월 29일, 바젤에서 세상을 떠났다.

| 참고문헌 |
미야타 신페이(宮田親平), 『독가스와 과학자(毒ガスと科学者)』 고진사(光人社).

콜라를 마시면
정말 치아나
뼈가 녹을까

레몬 등이 들어있는 청량음료가 탈퇴현상이 더 크다

예전에 소비자 운동의 일환으로 콜라에 발치한 치아나 생선뼈 등을 담가두는 실험이 유행한 적이 있었다. 그렇게 하면 분명히 치아나 뼈가 녹아 말랑말랑해진다. 이 결과를 두고 "콜라를 마시면 몸속의 뼈가 녹는다!"라며 콜라의 위험성을 주장하는 식품 평론가가 등장하기도 했다.

치아나 뼈는 간단히 말하면 인산칼슘이라고 부르는 화합물이다. 정확히는 광물인 아파타이트[$Ca_{10}(PO_4)_6(OH)_2$]에 가까운 성분비(成分比)를 지닌 생체 아파타이트로 이루어져 있다. 치아나 뼈는 산의 작용으로 녹으며 탈회 현상을 일으켜 말랑말랑해진다. 탈회 현상이란 인산칼슘과 같은 뼈의 회분이 유출하는 현상을 말한다. 주요한 원인으로는 칼슘의 섭취부족, 운동부족 또는 병리적인 것으로 부갑상선호르몬 과잉, 비타민 D의 부족 등을 들 수 있다. '탄산음료의 탄산 때문 아닐까?'라고 생각하는 사람이 많은 듯한데, 이산화탄소가 물에 녹아서 생기는 탄산은 산으로서는 매우 약하다. 따라서 뼈가 녹는 요인은 될 수 없다. 담가 놓은 치아나 뼈가 녹는 청량음료수에는 청량제로 인산 또는 유기산(구연산이나 사과산 등)의 산미료가 첨가되어 있다. 그래서 청량음료수는 pH가 2.5~3.5인 산성이 된다. 산미료가 들어 있는 청량음료수의 경우는 산의 작용으로 탈회 현상이 일어난다. 신맛이 나는 청량음료수일수록 산미료가 더 많이 들어 있으므로 산의 작용도 강하다. 즉 콜라보다 레몬 등이 들어 있는 청량음료수가 탈회 현상을 훨씬 잘 일으킨다는 뜻이다.

청량음료, 마셔도 될까

청량음료를 마시면 음료가 치아에 직접 닿는다. 그러나 입속에 있는 타액이 산을 약화시키기 때문에 마신 산미료가 몸속의 뼈에 직접 닿는 일은 없다.

그리고 이 문제에서 잊지 말아야 할 것이 위액이다. 위액에는 강한 산성을 띠는 염산이 들어 있다. 위산은 하루에 1~2ℓ나 분비되므로 만약 몸속의 뼈가 청량음료수의 산미료에 녹을 정도라면 청량음료수를 마시지 않아도 위액에 녹고 있을 것이다.

좀 더 높은 수준의 이야기로는 '인과 칼슘의 섭취비는 1 : 1~2가 좋으므로 콜라를 통해 인을 섭취하면 인을 과잉 섭취하게 되어 뼈에서 칼슘이 녹기 시작한다.'라는 설이 있다.

인은 생체의 필수 구성 원소로, 유전자의 본체인 DNA나 몸속에서 에너지를 전달하는 ATP(아데노신삼인산) 등 몸속의 모든 조직과 세포에 들어 있다. 또 첨가물에서 섭취하지 않아도 온갖 식품에 들어 있다. 이에 따라 우리는 여러 가지 천연 식품에서 인을 섭취하고 있다. 청량음료수나 가공식품의 첨가물에서 인을 완전히 배제하더라도 인의 섭취량은 5% 정도밖에 줄어들지 않는다. 정상적인 수준으로 청량음료수를 마시거나 가공식품을 먹는 한, 인의 과잉 섭취를 걱정할 필요는 없다고 할 수 있다.

또 세계보건기구(WHO)의 합동 전문 위원회는 '인과 칼슘의 섭취비는 1 : 1~2가 좋다.'라는 설이 인간의 영양에서 실질적인 의미를 지니지 못한다는 견해를 내놓았다.

| 참고문헌 |

가와구치 히로아키(川口啓明), 『우리가 잘못 알고 있는 음식에 관한 지식(思い込みの食べ物知識)』, 도지다이사(同時代社)

"콜라를 마시면 뼈가 녹는다"는 이야기는 일종의 미신이구나……

후아~ 맛있어

'온천'과 '입욕'을
둘러싼 진실과
거짓

게르마늄의 효과는 근거가 없다

게르마늄이라고 하면 건강에 좋다고 생각하는 사람이 많은 듯하다. 또 시중에는 게르마늄이 들어 있어서 이것을 차면 '빈혈에 좋다' '피로가 풀린다' '땀이 난다' '신진대사가 좋아진다' 등의 효과가 있다고 광고하는 팔찌나 벨트 등의 장신구도 많이 판매되고 있다.

이에 건강에 도움이 된다며 판매되고 있는 게르마늄 팔찌와 벨트 12종을 대상으로 조사를 실시했다. 그 결과 팔찌의 띠 부분에 게르마늄이 들어 있는 제품은 없었으며, 7개 제품은 게르마늄 원석이라고 주장하는 물질의 일부분에 미량이 들어 있을 뿐이었다. 심지어는 게르마늄이 전혀 들어 있지 않은 제품도 있었다. 게다가 가장 큰 문제는 광고에서 주장하는 것과 같은 건강 효과가 과학적으로 확인되지 않았다는 사실이다.

그리고 무기 게르마늄이든 유기 게르마늄이든 절대 먹어서는 안 된다. 게르마늄 열풍이 불었던 1970년대에 무기 게르마늄이 들어간 건강식품을 먹은 사람이 사망하는 사고가 있었다. 유기 게르마늄 역시 먹으면 건강 장애를 일으키거나 사망하는 경우도 있다.

또 게르마늄 온욕은 게르마늄이 들어 있는 화합물을 녹인 40~43℃의 탕에 15~30분 정도 손발을 담그고 온욕을 하는 입욕 방법이다. 한 웹사이트에는 "유기 게르마늄은 몸속에서 다량의 산소를 만들어냅니다. 피부 호흡을 통해 몸속으로 들어간 게르마늄은 혈액 속에 녹아 혈중 산소량을 증가시킵니다. 그리고 혈액순환을 통해 산소가 온몸에 전달되므로 신진대사가 좋아집니다." "유기 게르마늄은 약 32℃ 이상에서 음이온과 원적외선을 방출합니다. 음이온과 원적외선도 몸속으로 들어가 몸을 덥히고 신진대사를 도와줍니다."라는 설명이 있었다. 정말 피부를 통해 혈액 속으로 들어간다면 게르마늄을 먹었을 때와 같은 일이 일어날 것으로 생각된다.

그렇다면 혈액 속의 산소량을 '증가'시킨다는 다량의 산소는 도대체 어디에서 생기는 것일까? 만약 정말로 다량의 산소가 세포에 전달된다면 그 산화력이 신체에 악영향을 끼칠 것이다. 즉 건강에 좋지 않다는 말이다. 그러나 건강에 문제가 발생하지 않는 것을 보면 실제로는 그런 효과가 없다고 할 수 있다.

과학적 효과가 입증되지 않는 '음이온'과 '원적외선'

음이온이라는 용어 역시 과학적인 효과가 증명되지 않았음에도 여전히 음이온은 건강에 좋다고 생각하는 사람이 많기 때문에 상품의 광고나 설명에 자주 사용되고 있다. 또 음이온이 아니라 전자를 방출한다는 설명도 팔찌의 효과를 광고할 때 자주 사용되는데, 두 가지 모두 조사 결과가 말해주듯이 과학적인 근거가 없다. 결국 게르마늄 온욕은 뜨거운 물에 손발을 담가 따뜻해지는 효과만 있을 뿐, 게르마늄 자체의 효능은 과학적으로 근거가 없는 것이다.

원적외선이라는 것도 특별한 전자파로서 '몸에 흡수되어 몸을 따뜻하게 한다.'라는 이미지가 있다. 그러나 세상의 모든 물체가 원적외선을 방출하며, 32℃의 물체가 방출하는 원적외선으로는 몸이 따뜻해지지 않을 뿐만 아니라 몸속에 1mm도 파고들지 못한다. 또한 게르마늄 온욕이 특별히 건강에 해를 끼쳤다는 보고가 없는 것을 보면 먹거나 마실 때와는 달리 몸속에 거의 흡수되지 않는다는 의미가 아닐까?

암반욕은 세균의 온상이다?

암반욕도 게르마늄 온욕과 비슷한 설명으로 소개되어 있다. 설명에 '원적외선'과 '음이온'이 나온다면 그 설명은 사이비 과학이라고 판단해도 무방할 것이다. "원적외선은 몸의 중심부까지 침투해 몸을 따뜻하게 하고 세포를 활성화합니다."라는 설명을 종종 볼 수 있는데, 원적외선은 피부 표피에서 불과 0.2mm 정도까지밖에 침투하지 못하고 열로 바뀐다. '활성화'나 '면역력 상승' 등은 과학적·의학적으로 근거를 제시한 다음 표기하는 것이 올바른 방법이다. 또 "독소(수은·납·카드뮴 등)를 배출하는 디톡스 효과가 있습니다."라는 설명도 있는데, 땀을 흘리므로 불필요한 물질을 전혀 배출하지 않는다고는 할 수 없지만, 특별히 다량의 불필요한 물질이 배출되지는 않는다.

암반욕은 욕조가 필요 없으므로 돈을 들이지 않고도 간단히 개업할 수 있다. 개중에는 샤워실이 없는 시설도 있다. 여기에서 가장 큰 문제는 위생 관리다. 2006년에 모 주간지가 '도쿄 도내에 있는 암반욕 시설의 바닥에서 일반 가정의 240배나 되는 세균이 검출되었다.'라는 내용의 기사를 실었다. 환기나 청소, 소독을 충분히 하고 있는 시설은 세균 번식이 억제될 가능성이 높지만, 위생 관리가 허술하면 세균과 곰팡이가 우글우글한 상태가 될 위험성이 있다.

차가운 온천도 있다

　뜨거운 온천에 몸을 담그면 몸과 마음이 모두 재충전된다. 대부분의 사람들은 그런 효과를 얻기 위해 온천을 즐긴다.

　'온천'이라고 하면 일반적으로 따뜻한 물이 솟아난다는 이미지가 있지만, 물의 온도가 15℃, 16℃, 17℃, 19℃인 온천이 있다. 하물며 12℃인 온천도 있다. 이런 저온탕의 경우 대부분은 욕용을 위한 가열을 한다. 그런데 물의 온도가 낮은데도 온천이라고 부르는 이유는 무엇일까?

　일본의 경우, 온천은 1948년에 제정된 '온천법'에 따라 정의된다. 땅속에서 용출되는 온수, 광수(鑛水), 수증기, 기타 가스(탄산수소가 주성분인 천연 가스는 제외)로, 온도가 25℃ 이상이거나 특정 물질 19종류 중 한 가지가 들어 있으면 '온천'이 된다. 이 정의에 따르면 물이 따뜻하지 않아도 온천인 것이다. 또 25℃ 이상일 때는 특정 성분이 전혀 들어 있지 않아도 온천이 된다.

효능이 확인된 이산화탄소천

온천에 가면 '이러이러한 질환에 효능이 있습니다.'라고 적힌 안내문을 볼 수 있다. 여러 종류의 온천 중 실제로 생리학적 또는 의학적으로 효과와 효능이 밝혀진 온천은 거의 없다. 아무래도 온천의 효과와 효능은 성분에 있다기보다 따뜻한 물에 들어가 몸을 덥힘으로써 신경 계통이나 호르몬 분비를 자극해 면역을 활성화하고 신진대사를 촉진하는 데 있는 듯하다. 또 자연의 쾌적함이 풍부한 온천지에서 느긋한 마음으로 탕 속에 몸을 담그는 소위 전지효과(轉地效果, 일상과 다른 환경이나 장소에서 자율신경이나 호르몬의 균형이 잡혀 건강에 도움을 주는 효과-옮긴이)도 큰 모양이다.

그러나 입욕은 체력을 소모한다는 측면이 있다. 경우에 따라서는 혈액순환이 좋아져 세포가 활성화된 결과 오히려 병의 증상이 악화되기도 한다. 특히 노년층은 온도를 잘 느끼지 못하기 때문에 뜨거운 탕에 지나치게 오래 몸을 담그고 있다가 현기증을 일으키거나 심장에 지나친 부담을 주거나 뇌출혈을 일으킬 위험성도 있다.

그런데 효과가 있는 질환이 적힌 안내판을 봐도 그다지 획기적인 효능은 소개되어 있지 않다. 일반적인 이야기뿐이다. 이는 약사법에 따라 '암이 치료된다' '당뇨병이 치료된다' 등 특정한 병에 좋다는 식의 명백한 효능 및 효과를 적지 못하게 되어 있기 때문이다. 반대로 입욕을 삼가라는 금지 항목에는 결핵이나 심장병, 암(악성 신생물) 등 명확한 질환의 명칭이 적혀 있다. '암이 치료되는 온천'도 있지만, 이는 개인적인 경험담일 뿐 과학적으로 효능이 뒷받침된 것은 아니다.

그런 가운데 효과가 명확한 온천도 있는데, 그중 하나가 이산

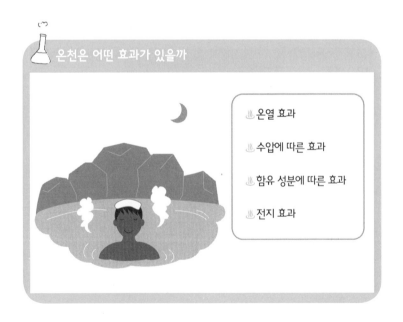

온천은 어떤 효과가 있을까

〰온열 효과

〰수압에 따른 효과

〰함유 성분에 따른 효과

〰전지 효과

화탄소천이다. '이산화탄소'(탄산가스)는 온천법에 지정되어 있는 19가지 물질 중 하나다. 이산화탄소천(예전에는 '탄산천'으로 불리었다)에는 온천수 1kg 속에 이산화탄소 1,000mg 이상이 들어 있다. 이산화탄소에는 혈관을 확장하는 효과가 있다. 혈액 속의 이산화탄소가 증가한다는 것은 몸의 세포가 영양분과 산소로부터 에너지를 빨아들인 결과 이산화탄소가 생겼다는 뜻이다. 이산화탄소가 증가하면 몸은 산소 부족 상태로 인식한다. 그래서 세포에 열심히 산소를 보내 이산화탄소를 몸 밖으로 내보내려고 하며, 산소와 이산화탄소를 운반하는 혈액을 다량으로 순환시키고

온천욕 효과가 있는 증상·삼가야 할 증상의 예

온천욕의 효과가 있는 일반적 증상

신경통, 근육통, 관절통, 오십견, 운동 마비, 관절의 경직, 타박상, 염좌, 만성 소화기병, 치질, 냉증, 병후 회복기, 피로 회복, 건강 증진

온천욕을 삼가야 하는 일반적 증상

급성 질환(특히 열이 있을 경우), 활동성 결핵, 악성 종양, 중증 심장병, 호흡 부전, 신부전, 출혈성 질환, 고도 빈혈, 그 외 일반적으로 병세가 진행 중인 질환, 임신 중(특히 초기와 말기)

자 혈관을 넓히는 것이다. 그 결과 탕에 몸을 담그고 있는 부분은 혈액 흐름이 좋아져 담그지 않은 부분에 비해 피부가 발개진다.

이산화탄소는 피부를 통해 스며든다. 모세혈관이나 가는 동맥이 넓어지면 대동맥이나 대정맥의 혈관도 넓어져 심장에 부담을 주지 않으면서 혈액 순환이 원활해진다. 혈액 순환이 원활해지면 신진대사가 좋아진다. 피로가 잘 풀리고 근육통이나 상처가 빨리 낫는다.

온천물을 가열하지 않고 그대로 사용하는 천연 이산화탄소천으로, 오이타 현 다케다 시의 구주연산 기슭에 자리한 나가유 온

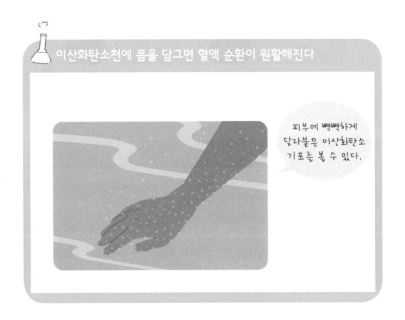

이산화탄소천에 몸을 담그면 혈액 순환이 원활해진다

피부에 빽빽하게 달라붙은 이산화탄소 기포를 볼 수 있다.

천향이 있다. 작가인 오사라기 지로(大佛次郎)는 이곳의 온천수를 '라무네탕'이라고 평가했다(라무네는 일본의 탄산음료 이름으로, 말하자면 '탄산천'이라는 뜻이다-옮긴이). 나가유 온천향에는 강의 작은 줄기를 따라 여관 수십 곳이 줄지어 있다. 나는 이 중 한 곳에 묵으며 노천탕인 '라무네 온천'에도 들어갔다. 온천에 들어가자 피부에 이산화탄소 기포가 빽빽하게 달라붙었다. 온도는 32℃ 정도밖에 되지 않는데도 몸이 후끈해져서 2시간 이상 느긋하게 온천욕을 즐겼다.

최근에는 가정의 목욕탕에 이산화탄소천을 만들 수는 없을까 하는 발상에서 욕조에 넣으면 이산화탄소가 발생하는 입욕제가 개발되었다. 성분은 푸마르산과 탄산수소나트륨이다.

알칼리성 식품은 정말 몸에 좋을까

 산성과 알칼리성은 어떻게 구분할까

매실 장아찌나 레몬은 시큼한데도 '알칼리성 식품'이라고 한다. 그러나 매실도 레몬도 리트머스 시험지 등으로 산성, 알칼리성을 살펴보면 명백히 '산성'을 나타낸다. 그렇게 보면 알칼리성 식품이라는 것이 그 식품 자체가 알칼리성임을 의미하지는 않는 듯하다.

사실은 식품을 태워서 생긴 재가 알칼리성이면 알칼리성 식품이라고 한다. 태우고 남은 재가 산성이면 산성 식품이 된다. 매실이나 레몬이 시큼한 것은 구연산이라는 유기산 때문인데, 구연산

102

은 탄소와 수소, 산소로 구성되어 있으므로 태우면 이산화탄소와 물이 된다. 한편 태워서 생긴 재가 알칼리성을 나타내는 이유는 성분에 칼륨이 많이 들어 있어서 탄산칼륨이라는 알칼리성 물질을 만들기 때문이다. 그밖에 채소나 과일, 콩, 우유 등도 알칼리성 식품이다. 이런 식품에는 칼륨 외에 칼슘이나 마그네슘 등 알칼리성 물질을 만드는 원소가 많이 들어 있다.

한편 황산이나 인은 태우면 이산화황산(아황산가스)이나 십산화사인(물에 녹이면 인산)이 된다. 따라서 원소로서 황산이나 인이 많이 들어 있는 식품은 산성 식품이 된다. 예를 들면 쌀과 밀 같은 곡류나 육류, 생선, 달걀 등이 산성 식품이다.

산성 식품을 먹으면 몸속이 산성이 된다?

과거의 영양학에서 식품을 산성과 알칼리성으로 나눈 이유는 식품이 몸속을 산성이나 알칼리성으로 만든다고 생각했기 때문이다. 또한 혈액은 약알칼리성임이 알려져 있었기 때문에 혈액이 산성이 되면 몸에 좋지 않다고 생각했다. 그리고 식품을 태웠을 때의 재를 기준으로 산성과 알칼리성을 분류한 이유는 몸속에서도 식품의 연소와 같은 반응이 일어난다고 전제했기 때문이다.

그러나 연소는 700℃ 이상의 고온에서 급격히 일어나는 격렬한 산화 반응이다. 몸속의 반응과 똑같이 생각해서는 안 될 것이다. 현재는 몸속에서 일어나는 온갖 반응이 밝혀졌기 때문에 식품을 태운 재가 산성이냐 알칼리성이냐에 따라 몸이 산성이 되거나 알칼리성이 되지는 않는다는 사실이 명확해졌다.

몸속에서 혈액은 중성에 가까운 매우 약한 알칼리성을 유지하고 있다. pH로는 7.4를 유지하며, 변동이 있다고 해도 7.35~7.45의 범위를 벗어나지 않는다. 생체의 pH가 크게 변화하면 여러 가지 기능 장애를 유발한다. 단백질의 고차 구조에 변화를 가져오며, 효소 활성 등에 커다란 영향을 끼친다. 그래서 몸속에서는 pH를 지속적으로 조절한다. 신장과 폐가 혈액의 산성·알칼리성을 조절하는 것도 그런 활동 중 하나인데, 체액의 산성·알칼리성 평형을 맞출 때 가장 큰 역할을 하는 것이 탄산수소 이온이다.

먼저 수소 이온은 산성의 원인이 되는 이온이고, 수산화물 이온은 알칼리성의 원인이 되는 이온이다. 만약 체액 속의 수소 이온 농도가 높아지면, 즉 산성의 정도가 강해지면 수소 이온과 탄산수소 이온이 반응해 탄산이 된다. 그러면 수소 이온이 줄어들어 산성의 정도가 약해진다. 탄산은 이산화탄소와 물이 되며, 이산화탄소는 폐를 통해 배출된다. 반대로 수소 이온의 농도가 감소하고 수산화물 이온의 농도가 높아지면, 즉 알칼리성의 정도가 강해지면 탄산이 수소 이온과 탄산수소 이온으로 분리되어 수소 이온이 증가한다. 증가한 수소 이온은 수산화물 이온과 반응해 물이 되므로 수산화물 이온이 감소해 '알칼리성의 정도'가 약해진다. 그밖에 인산계, 단백질계도 산성·알칼리성의 조절에 관여한다.

따라서 산성 식품으로 분류된 식품만을 계속 먹는다 해도 몸속은 산성이 되지 않는다. 실제로 열흘에 걸쳐 산성 식품, 알칼리성 식품만을 섭취한 뒤 혈액의 산성·알칼리성을 조사한 실험에서도 그 사실이 확인되었다. 혈액이 산성으로 기울 때도 있지만, 이것은 식품의 탓이 아니라 폐나 신장 등이 병에 걸린 결과다. 혈액이 산성이 되면 오래 살기는 어려운 것으로 알려져 있다. 또 혈

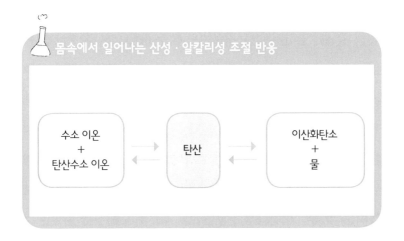

몸속에서 일어나는 산성·알칼리성 조절 반응

수소 이온 + 탄산수소 이온 ⇄ 탄산 ⇄ 이산화탄소 + 물

액이 정상치보다 알칼리성으로 기울면 가슴 두근거림이나 숨참, 구역질, 손발 마비가 일어난다.

혈액의 pH가 6.8~7.6의 범위를 벗어나면, 즉 산성으로든 알칼리성으로든 지나치게 기울면 생명이 위험해진다.

알칼리성 식품이 몸에 좋다는 말에 속지 말자

사람들은 '알칼리성'이라는 말을 들으면 건강에 좋다는 느낌을 받는 듯하다. 서양의 영양학에서 산성 식품과 알칼리성 식품의 분류가 무의미하다며 무시하게 된 뒤에도 오래된 사고방식에 사로잡힌 일부 영양학자들이 '육류는 산성 식품이므로 몸에 좋지 않다' '채소는 알칼리성 식품이므로 몸에 좋다'라는 생각을 퍼트려서가 아닐까? 현재도 이런 인식을 이용해 식품이나 음료를 팔 때 '알칼리성'을 강조하는 업자가 있으며, 전문 지식이 없는 사람들은 이런 광고에 속고 만다. 이제는 식품을 태운 재를 기준으로 산성 식품과 알칼리성 식품을 나누는 의미 없는 행동을 중단하고 용어도 폐기해야 한다.

그러나 일본의 중학교 과학 교과서 중에도 여전히 '산성 식품과 알칼리성 식품'을 설명한 책이 있다. 이런 것들 때문에 오늘날까지도 잘못된 알칼리성 식품 유용론이 계속 위세를 떨치는 것이 아닐까?

생각해보면 주식인 쌀과 곡류는 산성 식품이다. 산성 식품과 알칼리성 식품이라는 개념으로 식생활 균형을 맞출 것이 아니라 3대 영양소나 미네랄, 비타민 등이 골고루 들어간 식단으로 균형 잡힌 식사를 해야 할 것이다.

| 참고문헌 |
야마구치 미치오(山口迪夫), 『알칼리성 식품·산성 식품의 오류(アルカリ性食品·酸性食品の誤リ)』, 다이이치출판(第一出版).

8장

나도 모르게
실험해보고
싶어지는 화학

은색 색종이에는
전기가 흐를까

 금속 물질의 독특한 성질

이 세상에 있는 물질은 크게 다음과 같이 세 가지 유형으로 나눌 수 있다.

1. 분자로 구성되어 있는 물질(분자성 물질)
2. 이온으로 구성되어 있는 물질(이온성 물질)
3. 금속 원자만으로 구성되어 있는 물질(금속성 물질)

거대 분자로 구성되어 있는 다이아몬드나 폴리에틸렌처럼 이

세 가지 유형(3대 물질)에 해당되지 않는 물질도 있지만 여기에서는 생략하기로 하자.

고체의 경우 1은 분자 결정, 2는 이온 결정, 3은 금속 결정이라고 한다. 분자 결정은 말랑말랑하고 녹는점이 낮다. 이온 결정은 딱딱하고 녹는점이 높다. 금속 결정은 금속광택이 있으며 전기와 열을 잘 전달한다는 성질이 있다.

여기에서 금속 원자로 구성되어 있는 물질은 물론 금속 원소만으로 구성되어 있지만, 분자로 구성되어 있는 물질은 비금속 원소끼리, 이온으로 구성되어 있는 물질은 금속 원소와 비금속

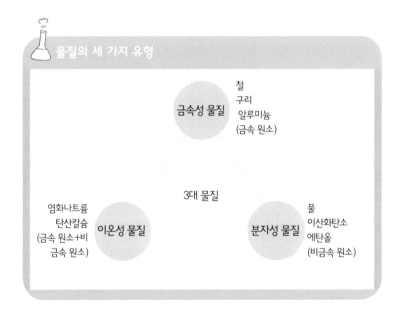

물질의 세 가지 유형

금속성 물질
철
구리
알루미늄
(금속 원소)

3대 물질

이온성 물질
염화나트륨
탄산칼슘
(금속 원소+비금속 원소)

분자성 물질
물
이산화탄소
에탄올
(비금속 원소)

원소가 결합되어 구성된다.

주기표에는 약 100종류의 원소가 나열되어 있는데, 이 중 80% 이상이 금속 원소다. 금속 원소의 원자가 많이 모여서 생긴 '금속'이라는 물질의 그룹에는 세 가지 커다란 특징이 있다.

- 금속광택
- 높은 전기·열 전도성
- 연전성(延展性)

연전성은 연성과 전성을 합친 말로, 연성은 잡아당기면 늘어나는 성질이며 전성은 두드리면 얇게 펴지는 성질이다.

'금속'은 원자 수준에서는 금속 원자가 많이 모인 상태로, 원자의 소속을 벗어난 전자들(자유 전자)이 다수 존재한다. 반짝반짝한 금속광택은 들어온 빛이 금속 표면 근처에서 대부분 반사되면서 생기는 것이다. 금속 원자가 비금속 원자와 결합하면 자유 전자는 비금속 원자의 소속이 되어 더 이상 자유 전자로 존재하지 않는다. 즉 금속 원소와 비금속 원소의 화합물은 금속이 아닌 것이다. 예를 들어 철의 산화물은 '금속'인 철과 '비금속'인 산소의 화합물이므로 금속의 성질을 잃어버린다.

거울은 어떻게 만들어질까

철, 구리, 금, 은 등의 금속에는 독특한 광택이 있다. 잘 닦으면 반짝반짝해지는 광택으로, 금속광택이라고 한다. 10원짜리 동전 등은 표면이 녹으로 덮여 갈색이 되어버린 경우가 있는데, 표면의 녹을 벗겨내면 적동색의 금속광택이 나타난다.

금속광택의 대부분은 은색이다. 은색이 아닌 금속광택으로는 구리와 같은 적동색, 금과 같은 금색이 있다.

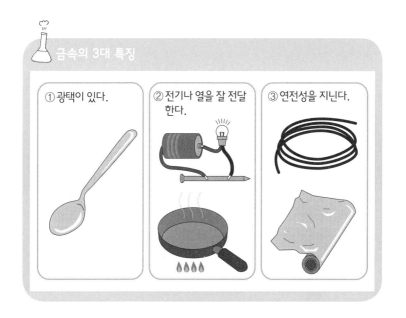

금속의 3대 특징

① 광택이 있다.

② 전기나 열을 잘 전달한다.

③ 연전성을 지닌다.

옛날의 거울(청동 거울)은 금속광택을 이용했다. 역사 교과서를 보면 청동 거울의 뒷면 사진이 종종 실려 있는데, 거울로 사용하는 앞면은 반짝반짝하다(역시 역사의 소재로는 거울의 모양이나 뒷면의 문양이 더 중요한 듯하다).

청동 거울은 사용하다 보면 표면이 뿌옇게 된다. 이 때문에 거울 닦는 기술자가 있었던 시대에는 매실 장아찌를 만들 때 나오는 매실초로 녹을 벗겨낸 다음 소량의 수은을 얇게 입혀 반짝반짝하게 만들었다고 한다.

그렇다면 현재의 유리 거울에도 금속이 사용되고 있을까? 거

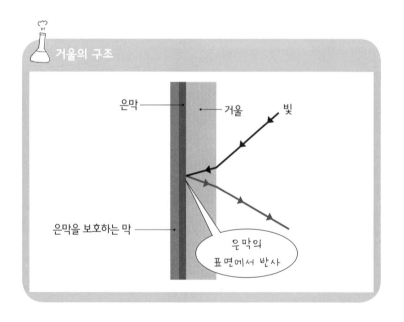

울의 뒷면을 칼로 조금씩 벗겨보면 은색의 금속면이 나타난다. 너무 벗겨내면 그냥 유리가 드러나니 주의가 필요하다. 그 은색 부분은 전기가 잘 흐른다.

현재의 유리 거울은 유리의 뒷면에 은도금을 한 뒤 보호제로 덮었기 때문에 오랫동안 금속광택을 잃지 않는다.

 ## 우리와 친숙한 금속 '동전'

우리 주위에는 금속으로 만든 물건이 많은데, 그중 하나가 동전(경화)이다. 시중에서 유통되는 동전에는 1원, 5원, 10원, 50원, 100원, 500원의 6종류가 있다. 이중에서 한 가지 금속만으로 만든 동전은 몇 종류일까? 즉 합금이 아닌 동전을 말한다. 참고로, 어떤 금속과 다른 금속 또는 탄소 등의 비금속을 함께 녹여서 합친 것을 합금이라고 한다.

합금이 아닌 동전은 1원짜리 동전뿐이다. 1원 동전은 순수한 알루미늄이며, 다른 동전은 전부 구리 합금이다. 10원짜리 동전도 겉보기에는 구리만으로 만든 것 같지만 아연이나 주석이 섞여 있다. 합금으로 만들면 더 단단해지는 등 성질이 변하기 때문에 금속은 합금으로 만들어 사용하는 경우가 많다.

이런 동전은 크기 등의 모양을 통해, 또는 합금의 재질과 색깔

각 동전의 재질

1원	알루미늄 100%
5원	황동(놋쇠라고도 한다) → 구리 65%+아연 35%
10원	황동(2006년 12월 이전) → 구리 65%+아연 35% 구리 도금 알루미늄(2006년 12월 이후) → 구리 48% + 알루미늄 52%
50원	백동 → 구리 70%+아연 18%+니켈 12%
100원	백동 → 구리 75%+니켈 25%
500원	백동 → 구리 75%+니켈 25%

을 통해 한눈에 구분할 수 있다. 또 전기의 전도율 등이 달라지기 때문에 위조 동전인지 아닌지를 동전 감지 센서가 장착된 자동판매기가 쉽게 확인할 수 있다.

또 금속에는 독특한 광택이 있어서 잘 닦으면 반짝반짝해진다. 동전도 닦으면 이런 금속광택을 되찾게 된다.

건전지에 꼬마전구를 연결하고 도선을 중간에서 잘라보자. 그리고 자른 도선 사이에 전기가 잘 통하는 물건을 놓으면 꼬마전구에 불이 들어오게 된다. 이런 간단한 구조의 장치를 '꼬마전구 테스터(시험기)'라고 한다.

구리판이나 구리선을 꼬마전구 테스터로 시험하면 꼬마전구에 불이 들어온다. 구리는 전기 배선에 사용될 만큼 전기가 잘 흐르는 금속이므로 당연한 결과다. 그렇다면 금속광택이 나는 6개의 동전은 모두 전기가 잘 흐를까? 독자 여러분도 예상해보기 바란다.

1원 동전을 제외하면 전부 구리 합금이다. 먼저 불그스름한 색깔의 10원 동전부터 시험해보자. 그러면 꼬마전구에 불이 들어온다. 시험해보면 1원 동전부터 500원 동전까지 전부 전기가 잘 흐름을 알 수 있다.

다음에는 동전이 아닌 다른 물체로 눈을 돌려보자. 필통이나 그 안에 있는 문구는 어떨까? 은색의 금속광택을 지닌 금속 부분

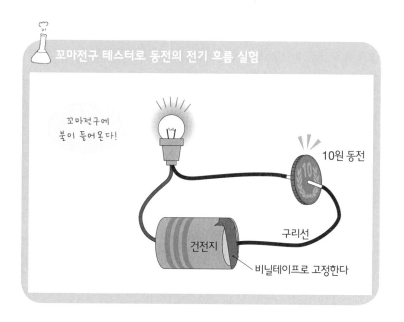

꼬마전구 테스터로 동전의 전기 흐름 실험

꼬마전구에 불이 들어온다!

10원 동전

구리선

건전지

비닐테이프로 고정한다

은 전기가 잘 흐른다. 금속으로 만든 숟가락이나 수도꼭지도 꼬마전구 테스터로 시험해보자. 시험해보면 전기가 잘 흐른다. 금속광택이 있으며 전기가 잘 흐른다면 그것은 금속이라는 의미다.

 ## 은색 색종이와 금색 색종이의 정체

그렇다면 알루미늄새시의 표면이나 은색 색종이, 금색 색종이는 어떨까?

알루미늄은 공기(산소)나 물과 반응해 부식되기 쉬운 금속인데, 그냥 방치해두면 표면에 매우 치밀하고 빽빽한 막이 생긴다. 이 막은 알루미늄과 공기 속의 산소가 결합해 생긴 산화 피막으로, 말하자면 녹이다. 녹스는 것을 녹이 방지해주는 것이다.

이 산화 피막을 인공적으로 좀 더 두껍게 만들면 튼튼해진다. 산화 피막은 금속이 아니다. 그것이 알루미늄새시 표면의 알루마이트 가공이다. 알루마이트 가공법을 발명한 사람은 일본인이다. 알루미늄으로 만든 도시락통 등도 튼튼하고 오래가도록 알루마이트 가공을 한다. 이 알루마이트 가공이 된 부분을 꼬마전구 테스터로 시험해보면 꼬마전구에 불이 들어오지 않는다. 그러나 알루마이트 부분을 칼로 긁어 내부를 드러내면 그곳은 전기가 잘 통한다. 다만 보호막인 알루마이트 부분을 벗기면 그곳을 통해 본체가 쉽게 부식되므로 벗겨내서는 안 된다.

은색 색종이와 금색 색종이의 표면은 금속광택을 지니고 있다. 꼬마전구 테스터로 시험해보면 은색 색종이는 전기가 잘 흐른다. 은색 색종이는 종이에 얇은 알루미늄박을 씌웠기 때문이다.

한편 금색 색종이는 전기가 흐르지 않는데, 전선을 세게 누르면 흐를 때도 있다. 그래서 커터로 금색 색종이의 표면을 조심스럽게 긁어봤다. 또는 아세톤을 적신 티슈로 문질러도 된다. 그러자 은색 부분이 나타났는데, 그 은색 부분은 전기가 잘 흘렀다.

사실 금색 색종이는 은색 색종이에 투명한 오렌지색 래커(도료의 일종)를 바른 것이다. 도료 부분은 금속이 아니므로 전기가 흐르지 않는다. 전선을 세게 누르면 전기가 통할 때도 있었던 것은 그 부분을 뚫고 들어갔기 때문이다. 금속처럼 전기가 잘 흐르는 것을 도체라고 하며, 금속 이외의 대부분은 전기가 잘 흐르지 않기 때문에 부도체(절연체)라고 한다.

칼슘은
무슨 색일까

 칼슘은 은색을 띤 딱딱한 금속

누군가 "칼슘은 무슨 색인가요?"라고 물어보면 여러분은 뭐라고 대답하겠는가? 칼슘 원자만으로 구성되어 있는 물질, 즉 칼슘 단체(單體)의 색깔을 묻는 것이다. 이 질문을 했을 때 가장 많이 나오는 대답은 '흰색'이다. 우유의 이미지가 강해서인지 "흰색이요."라고 대답하는 사람이 많았다.

칼슘은 뼈나 달걀껍데기, 작은 물고기에 풍부하게 들어 있는데, 사실 이와 같이 칼슘의 이미지가 강한 물질들은 칼슘 원자가 다른 원자와 결합한 화합물이다. 뼈는 인산칼슘으로 '칼슘'

과 '인'과 '산소'가 결합한 물질이며, 달걀껍데기는 탄산칼슘으로 '칼슘'과 '탄소'와 '산소'가 결합한 물질이다. 칼슘 원자만으로 구성되어 있는 칼슘은 은색을 띤 딱딱한 금속이다. 칼슘을 물에 넣으면 거품을 잔뜩 내면서 녹는다. 거품의 내용물은 수소다. 그리고 물은 수산화칼슘 수용액(석회수)이 된다.

그렇다면 바륨 원자만으로 구성된 바륨의 색은 무엇일까? 바륨이라고 하면 위(胃)의 '엑스선 검사'를 할 때 마시는 흰색 액체

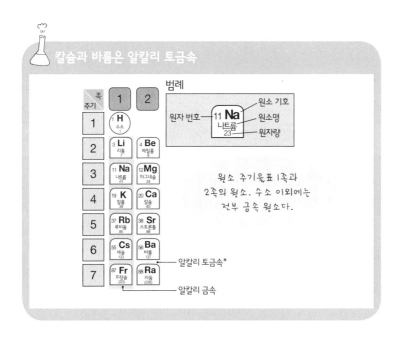

칼슘과 바륨은 알칼리 토금속

원소 주기율표 1족과 2족의 원소. 수소 이외에는 전부 금속 원소다.

가 떠오를 것이다. 그러나 '엑스선 검사'를 할 때 마시는 '바륨'은 정확히 말하면 황산바륨이라는 화합물이며, 바륨 단독일 때의 색깔은 은색이다.

원소의 주기율표를 보면 상단의 원자번호 13번인 알루미늄 부분부터 계단식으로 금속 원소와 비금속 원소의 경계선이 생긴다는 사실을 알 수 있다. 그 경계선을 기준으로 왼쪽은 (1족인 수소를 제외하고) 전부 금속 원소다. 칼슘과 바륨도 금속 원소다. 금속은 금속 원소의 원자만으로 구성되어 있는 물질로, 금과 구리 이외에는 전부 은색이며 전기를 잘 전달하는 성질을 지니고 있다.

칼슘 화합물의 대표격인 석회

석회는 좁은 의미로는 생석회를 가리키며, 넓은 의미로는 석회석과 소석회를 포함한 물질의 총칭이다. 자연에서 산출되는 석회석은 탄산칼슘으로 구성되어 있다. 달걀껍데기나 조개껍데기의 주성분도 탄산칼슘이다. 석회석을 고온으로 구우면 이산화탄소를 방출해 생석회(산화칼슘)가 된다. 그리고 생석회에 물을 가하면 열을 내면서 소석회(수산화칼슘)가 된다. 이 소석회의 수용액이 석회수다. 석회수에 이산화탄소를 불어넣으면 하얀 침전물이 생기는데, 이 침전물은 석회석과 같은 탄산칼슘이다.

운동장에 흰 선을 그릴 때 사용하는 분말이 '석회'다. 과거에는 소석회를 사용했지만, 알칼리성이 강해서 피부가 벗겨진 상처 등에 들어가면 위험하기 때문에 현재는 탄산칼슘 분말을 사용한다.

또 과자나 김의 포장 등에는 건조제가 들어 있다. 이 건조제에는 작은 구슬 모양(실리카겔)인 것과 흰색 분말(생석회)인 것이 있는데, 후자는 생석회 + 물 → 소석회라는 반응이 일어나 물이 사라지기 때문에 건조해진다.

이런 건조제 주머니를 보면 '먹지 마시오.'라고 적혀 있다. 이것을 먹으면 어떻게 될까? 실리카겔은 무미·무취이며 먹어도 해가 없다. 그러나 생석회(산화칼슘)는 수분을 빨아들이지 않은 상태라면 입 속의 수분과 반응해 열을 내므로 입 안이 뜨거워질 것이다. 어쩌면 화상을 입을지도 모른다. 또 수분과 반응해 생긴 소석회(수산화칼슘)는 강한 알칼리성을 띠므로 입 속이 짓무를 우려가 있다.

케이크에 장식하는 은색 알갱이의 정체

먹어도 해가 없는 금속

케이크 중에는 위에 은색으로 빛나는 작은 알갱이가 장식되어 있는 것이 있다. 알갱이의 크기는 다양하며, 초콜릿의 장식으로도 사용된다. 이것을 '아르장'이라고 한다. 내용물은 설탕이므로 케이크나 초콜릿과 함께 먹으면 된다.

이 아르장의 표면을 덮은 은색 부분은 반짝반짝 빛이 나는데 마치 금속광택 같다. 그렇다면 이 은색 부분은 금속일까? 그래서 표면에 전기가 흐르는지 확인하기 위해 꼬마전구 테스터로 시험해봤다. 그러자 꼬마전구에 불이 들어왔다. '금속광택이 나고 전기가 잘 흐른다.'는 성질을 가졌다면 그 물질은 금속의 일종이다. 즉, 아르장도 금속의 일종이었다.

그렇다면 그 은색 알갱이는 어떤 금속일까? 아르장이 들어 있는 봉투 겉면에는 성분명이 적혀 있다. 그렇다면 그 금속이 무엇인가에 관해 고찰해보도록 하자.

아르장은 금방 색이 변하거나 모양이 엉망이 되는 경우가 드물다고 한다. 요컨대 잘 부식되지 않는다. 그리고 먹어도 해가 없는 물질이다. 봉투에 적힌 성분 표시를 보니 '은(착색료)'이라고 적혀 있다. 은은 잘 부식되지 않고 은색이 오래 유지되는 금속이다. '은단'(상품명)이라는 환약도 표면이 은색이다. 은단은 1905년에 일본인이 개발해 발매된 이래 현재도 구강청정제로 판매되고 있으며 생약을 은색 물질로 감싸서 만든다.

'은단' 표면에 칠해진 은색의 정체

나는 어떤 연구회에서 한 초등학교 교사에게 이런 이야기를 들었다. 하루는 금속에 관한 수업을 했는데, 수업이 끝난 뒤 아이들이 "할아버지가 드시는 은단은 색깔이 은색이던데, 그거 금속이에요?"라고 물었다는 것이다. 그래서 직접 확인해봤는데, 은단의 표면을 꼬마전구 테스터로 시험하니 전기가 흐르는 것을 보고 이것이 금속임을 알았다고 한다.

그렇다면 그 은색 금속은 무엇일까? 나는 이런 의문이 생겼다. 당시는 성분 표시에 성분 전체가 표시되지 않았기 때문에 은색 부분이 무엇인지 알 수 없었다. 그래서 은단 알갱이 10알 정도를 묽은 염산에 넣어봤다. 그러자 내용물은 녹았지만 은색 껍질은 녹지 않았다. 가령 알루미늄이라면 묽은 염산에 녹는다. 그러나 녹지 않았다는 말은 이온화 경향이 수소보다 작은 금속이라는 의미다. 앞의 그림을 보면 잘 알 수 있다.

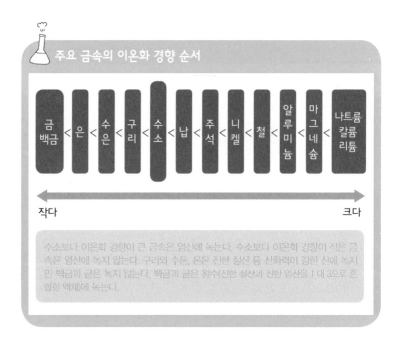

주요 금속의 이온화 경향 순서

금
백금 < 은 < 수은 < 구리 < 수소 < 납 < 주석 < 니켈 < 철 < 알루미늄 < 마그네슘 < 나트륨
칼륨
리튬

작다   크다

수소보다 이온화 경향이 큰 금속은 염산에 녹는다. 수소보다 이온화 경향이 작은 금속은 염산에 녹지 않는다. 구리와 수은, 은은 진한 질산 등 산화력이 강한 산에 녹지만 백금과 금은 녹지 않는다. 백금과 금은 왕수(진한 질산과 진한 염산을 1 대 3으로 혼합한 액제)에 녹는다.

다음에는 그 껍질만 시험관에 넣고 소량의 진한 질산을 넣었다. 진한 질산은 산화력이 강하므로 금과 백금처럼 이온화 경향이 매우 작은 금속이 아니라면 녹을 것이다. 진한 질산을 소량 넣었더니 껍질은 녹아버렸다. 즉 이온이 된 것이다. 금속 이온을 검출했다면 제일 먼저 할 일은 염산을 가하는 것이다. 그래서 흰색으로 뿌예진다면 그 이온은 은 이온이나 납 이온, 수은 이온이다. 이 가운데 납 이온과 수은 이온은 양쪽 모두 독성이 있으므로 음식에는 사용하지 않을 것이다. 그렇다면 은일 가능성이 높다.

여과한 액체에 염산을 첨가하자 흰색으로 뿌예졌다. 그리고 그 흰색 침전물은 햇빛을 받자 갈색으로 변했다. 이에 따라 염화은의 침전물이 생겼다고 판단할 수 있다. 이렇게 해서 '은단'의 표면은 은이었음을 알 수 있었다.

황화수소의 냄새가 나는 온천에 들어갈 때 용기에 은단을 몇 알 넣어놓으면 표면이 새까매진다. 은이 황화은이 되어 검어진 것이다. 은으로 만든 장신구를 몸에 지닌 채로 유황천에 들어가면 장신구가 순식간에 검보라색으로 변색된다.

은 장신구나 은 식기 등을 고무 밴드로 묶어도 고무에 들어 있는 황 때문에 변질될 수 있다.

왜 은단은 알루미늄이 아니라 은을 썼을까

나는 '왜 은단에 값싼 알루미늄이 아니라 은을 사용했을까?'라는 의문을 느꼈다. 그래서 업체에 전화를 해보니 "알루미늄은 금방 광택이 죽고, 위 속에서 녹아버립니다."라는 대답을 들을 수 있었다. 그렇다. 은은 알루미늄보다 공기 속의 산소와 쉽게 결합하지 않는 금속인 것이다. 또 위액은 묽은 염산인데, 은이라면 위액에 녹지 않는다. 케이크를 장식하는 은색 알갱이도 은단도 표면의 은색은 수만 분의 1mm의 은박이다. 위에는 위액이라는 묽은 염산이 있지만, 은이라면 염산에 녹지 않는다. 대부분은 그대로 배출되어버린다. 또 은은 극미량이지만 물에 녹는다. 은 이온이 있는 물은 살균 작용을 한다. 그리고 녹은 은은 체내에 흡수된다.

은을 지나치게 많이 섭취하면 은피증이라는 병에 걸릴 수 있다. 은이 포함된 은제품을 섭취한 결과, 은 입자가 피부에 침착된 상태가 되어 피부색이 변하는 것이다.

128

물질을 태우고 나면 남는 것은 재뿐일까

프랑스의 곤충학자이자 박물학자인 장 앙리 파브르
(Jean-Henri Fabre, 1823~1915)는 '쇠똥구리' 이야기로 시작되는
전 10권의『곤충기』를 쓴 사람으로 유명하다. 초등학교나 중학교
도서관에는 반드시『곤충기』가 꽂혀 있을 것이다.

남프랑스에서 태어난 파브르는 부모가 경영하던 카페가 파산
하는 바람에 14세에 집을 나와 토목 작업부가 되었다. 그러나 공
부하고 싶은 마음이 강했던 그는 사범학교에 입학했고, 학교를
졸업한 뒤 19세에 초등학교 교사가 되었다. 또 여기에서 멈추지

않고 다시 대학에 진학했으며, 중학교 교사, 고등학교 교사가 되었다.

그는 교사로 일하면서 대학 교수가 되기 위한 돈을 모으고자 8년 동안 꼭두서니(다년생 덩굴 식물)에서 효율적으로 색소를 뽑아내는 방법을 연구했다. 당시는 대학 교수가 되려면 돈이 필요했기 때문이다. 그러나 독일에서 화학적으로 합성한 저렴한 염료가 개발되는 바람에 그의 연구는 전혀 돈이 되지 못했다.

이후 파브르는 여러 가지 사정으로 학교를 그만둘 수밖에 없게 되어 남프랑스의 오랑주라는 작은 마을로 이사를 갔다. 이곳에서 그는 교사로서 아이들을 가르친 경험과 아버지로서 자식들을 교육한 경험을 바탕으로 1871년부터 『곤충기』를 쓰기 시작한 1879년까지 아이들을 위한 다수의 과학 서적을 집필했다. 그중 한 권이 『파브르의 화학 이야기』다.

파브르가 쓴 과학 서적은 모두 폴 아저씨가 조카인 쥘과 에밀에게 과학을 알기 쉽게 설명해주는 형식으로 되어 있다. 물론 폴 아저씨는 파브르 자신이며, 두 조카의 모델은 그의 아들들이다. 꼭두서니의 색소를 연구한 것에서도 알 수 있듯이 그는 화학에도 박식했으며, 학교에서나 집에서나 아이들에게 간단한 실험을 보여주면서 화학을 알기 쉽게 가르쳤다.

 '혼합'과 '화합'의 차이

『파브르의 화학 이야기』의 멋진 내용 가운데 일부를 소개하면 다음과 같다.

폴 아저씨는 약국에서 황을 사고, 철을 깎아 열쇠를 만드는 이웃에게서 쇳가루를 얻었다. 그리고 이 쇳가루와 황가루를 섞은 다음 쥘과 에밀에게 이렇게 물어봤다.

"이 두 종류의 가루를 따로따로 나눌 수 있을까? 처음처럼 순수한 황과 철로 되돌릴 수 있을까?"

폴 아저씨는 쥘, 에밀과 함께 자석을 사용하거나 물속에 넣고 휘젓는 등의 방법으로 두 가루를 분리해냈다.

'시간만 충분하다면 손으로 한 알 한 알 골라낼 수도 있는 것.' 이것이 혼합물이다.

폴 아저씨는 쇳가루와 황가루에 물을 조금 넣고 반죽한 다음 유리병에 넣었다. 아이들은 눈을 동그랗게 뜨고 유리병을 뚫어지게 바라봤다. 무슨 일이 일어날까?

반죽은 색이 점점 검게 변하더니 검댕처럼 되었다. 그리고 유리병의 입구에서는 쉭쉭 소리를 내면서 증기가 빠져나왔다. 때로는 폭발이라도 한 것처럼 검은 가루가 솟아올랐다. 유리병은 뜨거워졌다. 불이 난 것도 아닌데 굉장한 열이 나왔다. 변화가 끝나자 유리병은 다시 식었다. 폴 아저씨는 유리병 속의 내용물을 종이 위에 쏟았다. 그러자 새까만 가루가 나왔다. 황가루는 보이지 않았다. 그 가루에 자석을 대어봤지만 달라붙지 않았다. 황도 철도 아닌 제3의 물질이 생긴 것이다. 이 물질을 황화철이라고 한다.

이제 폴 아저씨의 설명에 귀를 기울여보자.

"황의 성질도 철의 성질도 완전히 사라지고 그 둘과는 전혀 다른 성질이 나타났어. 그러니까 여기에서 황과 철은 단순히 섞기만 하는 '혼합'이라고 부르는 관계보다 훨씬 강하고 깊은 관계로 연결된 것이지. 화학에서는 이 강하고 깊은 연결을 '결합(結合)'이

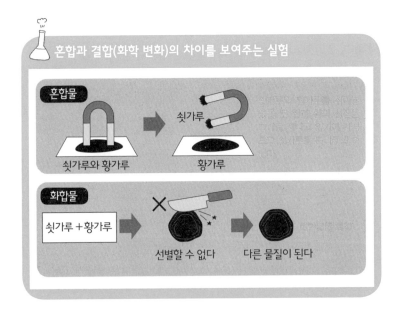

혼합과 결합(화학 변화)의 차이를 보여주는 실험

혼합물

쇳가루와 황가루 → 쇳가루 / 황가루

화합물

쇳가루 + 황가루 → 선별할 수 없다 → 다른 물질이 된다

라고 부른단다."

쇳가루와 황가루를 섞어서 결합시켰을 때 맨손으로 잡으면 안 될 만큼 병이 뜨거워졌는데, 이것은 철과 황이 결합할 때만 나타나는 현상이 아니다. 물질이 결합할 때는 대체로 열이 발생한다. 다만 그 열이 너무 미약해서 어지간히 정밀한 도구로 측정하지 않고는 알 수 없는 경우가 있을 뿐이다. 또한 발생하는 열이 매우 커서 결합을 일으키는 물질이 열로 빨갛게 빛나거나 눈이 부실 만큼 희게 빛날 때도 있다. 결합이 일어날 때는 대체로 열이 난다고 해도 무방하다. 열이나 빛이 나온다면 그곳에서 결합이 일어나고 있다는 뜻이다.

쇳가루와 황가루를 잔뜩 준비하면 인공 화산을 만들 수 있다. 지면에 커다란 구멍을 파고 쇳가루와 황가루를 섞은 가루를 채운 다음 물을 조금 붓고 그 위에 젖은 흙을 산 모양으로 쌓아올린다. 그리고 조금 기다리면 마치 화산이 분화하는 듯한 현상이 일어난다. 갈라진 틈에서 뜨거운 수증기가 소리를 내며 분출하고, 작은 폭발이 일어나기도 한다. 물론 진짜 화산이 폭발하는 원리와는 전혀 다르다.

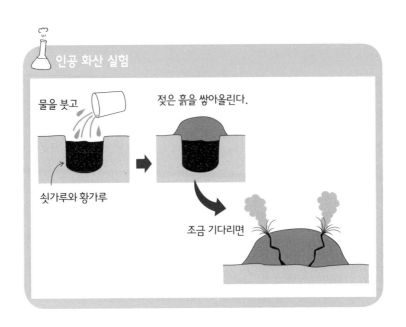

인공 화산 실험

물을 붓고

젖은 흙을 쌓아올린다.

쇳가루와 황가루

조금 기다리면

빵 속에는 무엇이 있을까

어느 날 폴 아저씨가 "얘들아, 빵 속에는 무엇이 있을까?"라고 물었다.

에밀이 "밀가루요."라고 대답하자 "그러면 밀가루 속에는 무엇이 있을까?"라고 다시 물었다. 대답이 없자 폴 아저씨는 "밀가루 속에는 탄소가 있단다. 다른 식으로 말하면 밀가루 속에는 숯이 들어 있는 것이지. 그것도 듬뿍 들어 있단다."라고 말했다. 쥘과 에밀도 겨울에 빵을 난로 위에 올려놓고 노릇노릇하게 구워 먹으려다가 깜빡하면 빵이 숯이 되어버린다는 사실은 알고 있었지만, 그 숯과 빵의 관계를 인식한 적은 없었다. 빵을 불로 가열하면 탄소는 산소와 결합해 연소되는데, 이때 미처 산소와 결합하지 못한 일부 탄소는 검은 재가 되어 나온다. 이것은 곧 빵에는 처음부터 탄소가 들어 있었다는 의미인데, 아이들은 이런 현상을 보면서도 그 사실을 깨닫지 못하고 있었던 것이다.

과학 교육자들이라면 그 뒤에 폴 아저씨가 하는 이야기를 항상 염두에 둘 필요가 있다.

"이 세상에는 너희가 일년 내내 지겹도록 보고 있으면서도 그 진짜 의미를 조금도 깨닫지 못하는 것이 참으로 많단다. 그것은 너희가 사물을 올바른 눈으로 바라보도록 주의를 주고 이끌어주는 사람이 없기 때문이야. 아저씨는 앞으로도 가끔 이런 흔한 경험에 관해 너희에게 물어볼 생각이란다. 그런 것들을 조금만 자세히 살펴보기만 해도 매우 중요한 진리를 발견할 때가 있거든."

그리고 여기에 내 생각을 조금 덧붙이려 한다.

철가루와 황가루의 결합을 통해 '결합의 의미'를 전체적으로 이해했다면, 먹지 못하는 새까만 숯과 먹을 수 있는 흰 빵의 차이를 금방 이해할 수 있을지도 모른다. 한두 가지 사례에서는 '얕은 이해'밖에 얻지 못한다. 그러나 '얕은 이해'를 통해 얻은 생각을 다른 상황에도 활용함으로써 인간은 '깊은 이해'에 이르게 된다. 학교에서 배우는 과학은 학교에서 하는 실험에만 도움이 될 뿐,

우리 주변에 넘쳐나는 사건과 현상을 '과학의 눈'으로 살펴보고
싶다는 의욕을 불러일으키지는 못한다. '과학의 눈'을 키우지 못
하는 근본적인 원인은 무엇일까?

현재의 학교 과학이 자연과학의 사실과 개념이나 법칙의 단편
을 모아놓은 데 불과하기 때문에 암기 위주의 수업이 되어버리
는 측면도 있다. 그뿐만이 아니라 '일년 내내 지겹도록 보고 있으
면서도 그 진짜 의미를 조금도 깨닫지 못하는 것'에 익숙해져, 배
운 내용을 의식적으로 적용하고 있지 않다는 점도 원인이 아닐
까? 만약 그런 교육을 하고 있다면 반드시 학습 내용을 재검토해
야 할 것이다. '과학의 눈'으로서 사용할 수 있는 학습 내용이 아
니면 의식적으로 적용하려고 해도 방법이 없기 때문이다.

진정 기초적이고 기본적이며 활용 범위가 넓은 자연과학의 사
실, 개념과 법칙을 중심으로 삼고 그것을 좀 더 체계적으로 공부
하면서 '과학의 눈'을 키워나가는 학습 내용이 필요하다.

 원자는 파괴되거나 사라지지 않는다

『파브르의 화학 이야기』를 계속 해보자.

빵 속의 탄소는 외톨이가 아니라 다른 물질과 결합해 화합물
이 된다. 그런데 빵을 가열하면 다른 물질은 모두 쫓겨나고 탄소

만 남는다. 폴 아저씨는 빵을 태울 때 생기는 '연기'가 탄소와 결합했던 물질이라고 말한다.

현재의 과학 지식으로 보면 밀가루는 전분이나 단백질 등으로 구성되어 있다. 열분해하면 수증기가 많이 나오는데, 그밖에 포름알데히드 같은 물질도 나온다. 폴 아저씨가 말한 '연기'는 실제로는 '가스와 연기'다. 가스는 눈에 보이지 않지만 연기는 그 알갱이가 눈에 보인다.

과학 교육에서 '물질 불멸의 법칙'의 중요성을 이야기할 때가 있다. 여기에서 말하는 '물질'은 구체적인 화학 물질을 가리키는 것이 아니라 조금 더 넓은 개념인 듯하다. 나는 미시적인 수준에서는 원자의 불멸성, 거시적인 수준에서는 원소의 불멸성을 의미한다고 생각한다. 법칙으로 설명하자면 '질량 보존의 법칙' 정도가 될 수 있겠다.

폴 아저씨는 이렇게 말한다. "설령 아무리 작은 물질이라 해도 결코 우리 마음대로 없애거나 만들 수는 없단다."

구체적인 예로 집을 만들었다가 부수는 경우를 생각해보자. 집을 부수더라도 그 재료는 사라지지 않는다. 모르타르에 섞인 모래 한 알조차도 어딘가에 남아 있다. 눈에 보이지 않을 만큼 작은 가루도 바람에 날려갈 수는 있지만 결코 이 세상에서 사라지지 않는다. 바람을 타고 어딘가로 이동할 뿐이다.

빵이 재가 되었을 때도 연기(가스와 연기)는 공중으로 퍼져 곧 보이지 않게 되지만 사라진 것이 아니라 어딘가에 분명히 남아 있다.

"하지만……." 쥘이 머뭇거리며 말한다. "땔나무를 태우면 재만 조금 남고 다 사라지잖아요?"

파브르가 아이들을 위한 책을 쓴 약 100년 전에도(아니, 그보다 훨씬 전부터도), 그리고 지금도 아이들에게는 '태우면 가벼워진다.'라는 소박한 개념이 머릿속에 자리하고 있다. 파브르는 이런 소박한 생각에도 친절하게 반응하면서 자세한 설명으로 '화학의 신비'를 이야기했다.

"나무를 태울 때 생기는 물질의 대부분은 아주 작은 먼지보다도 훨씬 작은 것이란다. 그것은 공기 속으로 퍼져서 보이지 않게 되지. 눈에 보이는 것은 남아 있는 한 줌의 재뿐이야. 그래서 우리는 재만 남고 나머지는 다 사라졌다고 생각하기 쉽지. 하지만 절대 사라진 것이 아니야. 분명히 남아서 공기 속을 떠다니고 있단다. 다만 공기와 마찬가지로 투명하고 색도 없고 손에도 잡히지 않을 뿐이지."

"이건 땔나무만 그런 것이 아니란다. 우리가 열이나 빛을 얻기 위해 태우는 모든 연료도 마찬가지야."

"물질은 끊임없이 결합했다가 분해되고 다시 결합하면서 무수한 조합을 만들고 쉴 새 없이 움직인단다. 지금 이 순간에도 셀 수 없이 많은 화합물이 부서지고 또 새로 만들어지고 있지. 이런 물질은 끝없이 계속 변화하지만, 한 알이라도 없어지거나 새로 만들어지지는 않는단다."

그 후 방사능을 지닌 원소가 발견되고 질량과 에너지의 등가성이 이야기되었지만, 과학 교육에서 원소나 원자의 불멸성을 인식하는 것이 매우 중요함에는 변함이 없다. 100여 년 전에 파브르는 교육자로서 얻은 경험을 바탕으로 원소나 원자의 불멸성이 중요함을 잘 알고 있었던 것이다.

물질은 모두 원자로 구성되어 있다. 원자는 화학 변화로는 파괴되지 않는다. 사라지는 일도 없다. 어떤 화학 변화가 일어나든 원자의 수와 종류에는 변함이 없다. 화학 변화에서는 원자가 결합하는 상대를 바꿀 뿐이다.

이것이 '질량 보존의 법칙'이 성립하는 근거다.

탄소 원자에 주목해보자. 대기 속에 조금씩 증가하고 있는 이산화탄소는 유기물의 연소나 생물의 호흡 등을 통해 배출된다. 한편 이산화탄소는 광합성의 연료로서 식물에 흡수되기도 하고 바닷물에 녹은 것이 생물 몸의 일부에 스며들기도 한다. 식물이 광합성으로 만든 유기물은 지구상의 동물이나 우리 인간의 식량이 된다. 그러므로 우리의 음식은 근원을 따지면 원래 공기 속의 이산화탄소였다고 할 수 있을 것이다. 이산화탄소 속의 탄소는 이렇게 사라지지 않고 지구 안에서 순환한다.

환경에 좋지 않은 영향을 끼치는 원자, 예를 들면 수은 원자도 파괴되거나 사라지지 않는다. 수은 화합물이 들어 있는 오수(汚水)를 강이나 바다로 흘려보내면 사라지지 않고 강이나 바다에 남는다. 그 수은 원자를 포함한 화합물은 식물 플랑크톤에 흡수되며, 그것을 먹은 동물 플랑크톤을 작은 물고기가, 그 작은 물고기를 큰 물고기가 먹으며 점점 농축된다. 그리고 최종적으로는 수은 원자가 농축되어 있는 줄도 모르고 물고기를 먹은 사람이 수은 때문에 병에 걸린다.

우리가 명심해야 할 것은 원자가 새로 탄생하지도 사라지지도 않음을 이해하고, 환경에 악영향을 끼치는 물질이나 원자가 발생하더라도 자연계로 흘러나가지 않도록 그 처리에 신중을 기하는 것이다.

산이란 무엇일까, 알칼리란 무엇일까

 산에는 산소가 들어 있지 않다

산(酸)이 처음 정의된 때는 지금으로부터 약 350년 전이다. 영국의 화학자인 로버트 보일(Robert Boyle, 1627~1691)은 1660년에 "산이란 첫째, 시큼한 맛이 나고, 둘째, 많은 물질을 녹이며, 셋째, 식물성 유색 색소(리트머스)를 빨간색으로 바꾸고, 넷째, 알칼리와 반응하면 그때까지 가지고 있던 모든 성질을 잃는 물질이다."라고 말했다.

연소 이론을 확립한 프랑스의 화학자 라부아지에가 근대 화학의 문을 열자 산의 본질을 그 구성 원소에서 파악하려는 연구 경향이 나타났다. 라부아지에는 산을 특징짓는 원소로 '산소'를 생각했다. 당시에는 산을 '산성 산화물에 중성인 물이 결합한 것'이라고 믿었다. 산에는 반드시 산소가 들어 있으며, 산성의 원인은 산소와 원소의 비금속성에 있다고 생각했던 것이다. 식염과 황산을 원료로 만드는 염산도 당연히 산소를 지닌 화합물이라고 믿었다. 그런데 염산이 산소를 가지고 있지 않은 염화수소의 수용액임이 밝혀지자 화학자들 사이에서 당혹감이 확산되었다.

식초나 염산은 신맛을 내고 파란색 리트머스를 빨간색으로 바꾸며 아연이나 철 등의 금속을 녹여 수소 가스를 발생시킨다. 이런 성질을 산성이라고 한다. 화합물 중에서 그 수용액이 산성을 나타내는 것이 산이다.

산이 지닌 공통된 성질

유기 화학의 시조인 독일의 화학자 유스투스 폰 리비히(Justus von Liebig, 1803~1873)는 산을 '금속 원소로 환원되는 수소가 있는 화합물'로 정의했다. 예를 들어 아연은 황산과 반응해 황산아연과 수소가 된다. 이때 황산의 수소는 아연으로 환원되었다. 산의 수소가 이렇게 금속으로 치환되면 산성이 사라지거나 약해진다. 이에 따라 산이라는 성질은 수소에 따른 것임이 명확해졌다. 그러나 수소를 구성 요소로 가진 모든 화합물이 산성을 띠고 있는 것은 아니다. 예를 들어 메탄(CH_4)은 수소 원자 4개를, 에탄올(C_2H_5OH)은 수소 원자 6개를 가지고 있지만 아연 같은 금속으로 치환할 수 있는 수소 원자는 한 개도 없다. 이 차이가 명확해진 것은 19세기 말에 스웨덴의 화학자 스반테 아레니우스(Svante Arrhenius, 1859~1927)가 전리설(電離說)을 제창한 뒤다. 아레니우스의 전리설에서 산은 수용액 속에서 수소 이온을 내는 물질이다. 즉 산이냐 아니냐는 물질을 구성하는 수소 원자가 수용액 속에서 전리해 수소 이온이 되느냐 되지 않느냐에 따라 결

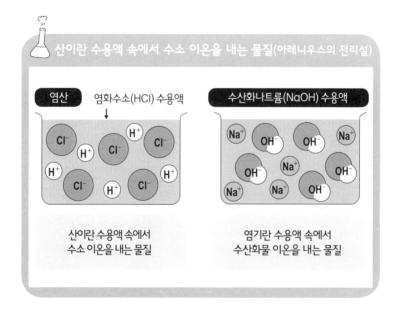

산이란 수용액 속에서 수소 이온을 내는 물질(아레니우스의 전리설)

염산

염화수소(HCl) 수용액

수산화나트륨(NaOH) 수용액

산이란 수용액 속에서
수소 이온을 내는 물질

염기란 수용액 속에서
수산화물 이온을 내는 물질

정되는 것이다.

이에 따라 산성은 이 수소 이온 H^+(정확히 말하면 옥소늄 이온 또는 하이드로늄 이온 H_3O^+)에 따른 것임이 명확해졌다. 이렇게 해서 아레니우스의 산의 정의가 공식적으로 채택되었고, 현재도 수용액 속일 경우는 아레니우스의 설이 널리 보급되어 있다.

알칼리와 염기란 무엇일까

염기(鹽基)는 화학적으로는 산의 반대 물질로, 산과 중화되어 소금과 물을 만든다(물을 만들지 않을 경우도 있다). 염기(base)는 소금의 바탕(base of salt)이라는 의미로, 산과 중화되어 소금을 만드는 물질이라는 뜻이다.

알칼리는 원래 아라비아인이 육지 식물의 재(주성분은 탄산칼륨)와 바다 식물의 재(주성분은 탄산나트륨)를 통틀어서 붙인 이름이다. 여기에서 '칼리'는 재라는 뜻이다. 나중에 '염기 중에서 물에 잘 녹는 것(수산화나트륨, 수산화칼륨 등)'에 한정해 알칼리라고 부르는 방식이 널리 퍼졌다. 주로 알칼리 금속(주기율표에서 1족인 리튬부터 그 아래), 알칼리 토금속(2족인 칼슘부터 그 아래)의 수산화물을 가리킨다.

왜 홍차에 레몬을 넣으면 색이 변할까

녹차·홍차·우롱차의 차이

차(茶)는 제조 방법에 따라 크게 세 가지로 분류할 수 있다. 바로 녹차, 홍차, 우롱차다. 녹차는 찻잎을 발효시키지 않고 만드는 불발효차, 홍차는 완전히 발효시키는 발효차, 우롱차는 그것의 중간적 존재로서 적당히 발효시키는 반발효차다.

이런 차들은 원래 같은 차나무(중국 원산의 동백나무과)의 잎을 원료로 만든다. 그런데 같은 종류의 나뭇잎으로 만들었지만 각 차의 성분은 발효 정도에 따라 조금씩 다르다. 녹차에는 건조차의 30% 정도의 폴리페놀이 들어 있다. 폴리페놀은 벤젠이나 나프탈렌 같은 방향환(이른바 벤젠환 덩어리)에 수산기(hydroxy, -OH)가 결합된 것이 두 개 이상 모인 화합물의 총칭이다.

녹차의 폴리페놀은 대부분 떫은 맛 성분인 카테킨이다. 홍차에는 발효 과정에서 카테킨이 두 개 결합한 테아플라빈(1~2%, 홍차에 들어 있는 붉은색 성분)이나 테아루비긴(10~20%)이 들어 있다. 녹차와 홍차의 중간인 우롱차에는 카테킨과 테아플라빈, 테아루비긴이 들어 있다.

레몬에는 구연산이라는 산이 5~7% 들어 있었으며, 그 즙은 산성을 띤다. 따라서 레몬을 넣었을 때 홍차의 색이 옅어지는 이유는 산성 때문인지도 모른다고 상상할 수 있다. 그렇다면 홍차에 산성인 식초를 떨어트려보자. 역시 색이 옅어졌다. 아무래도 홍차의 색 속에는 산성과 반응해 색이 옅어지는 성분이 들어 있는 듯하다. 사실 홍차의 색은 밝은 오렌지색인 테아플라빈과 진한 빨간색인 테아루비긴, 적갈색인 산화중합물의 세 성분으로 구성되어 있는데, 이 가운데 테아루비긴이라는 색소는 산성이 될수록 색이 옅어지는 성질이 있다.

 빨간색에서 노란색이 되는 카레 소스 볶음국수

한 고등학교 교사가 가르쳐준 맛있는 실험을 소개하겠다.

먼저 프라이팬에 물을 5분의 4컵 정도 넣고 불로 가열해 끓인다. 다음에는 중화면을 한 덩이 넣어 가볍게 풀어주고, 면이 부드러워질 때쯤에 카레가루와 울금가루를 원하는 만큼 뿌리고 잘 젓는다. 그러면 면의 색이 새빨개진다. 이제 이 새빨간 카레 볶음국수에 우스터소스를 쳐보자. 소스를 친 부분이 노란색으로 변할 것이다. 전체가 노란색이 될 때까지 소스를 친다.

마지막으로 볶은 채소나 고기를 넣고 섞어주면 맛있는 카레 소스 볶음국수가 완성된다.

학교의 과학 실험에서 자주 사용하는 리트머스 시험지(산성이면 파란색에서 빨간색으로, 알칼리성이면 빨간색에서 파란색으로 변화)에는 리트머스 이끼라는 지의류(地衣類)에서 추출한 색소가 사용되었다. 마찬가지로 붉은 양배추(적채)의 즙이 산성이냐 알칼리성이냐에 따라 색이 변한다는 사실도 유명하다. 붉은 양배추의 자주색 색소는 안토시아닌이라고 부르는데, 검은콩이나 자주색 고구마, 블루베리, 포도 등에도 들어 있는 색소다. 안토시아닌은 식물계에 널리 존재하는 색소로, 꽃의 파란색 색소의 총칭이다(라틴어로 '안토'는 '꽃', '시아닌'은 '파란색'을 의미한다). 이 색소는 산성에서 알칼리성이 됨에 따라 빨간색·자주색·파란색으로 변화한다.

그 밖에도 산성·알칼리성에 따라 색이 변하는 색소가 있다. 카

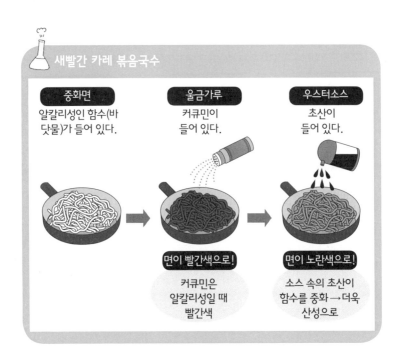

새빨간 카레 볶음국수

중화면
알칼리성인 함수(바 닷물)가 들어 있다.

울금가루
커큐민이
들어 있다.

우스터소스
초산이
들어 있다.

면이 빨간색으로!
커큐민은
알칼리성일 때
빨간색

면이 노란색으로!
소스 속의 초산이
함수를 중화 → 더욱
산성으로

레가루의 성분 중 하나인 터메릭(울금)이라는 노란색 향신료는 알칼리성일 때 빨간색이 된다. 터메릭에 들어 있는 커큐민이라는 색소의 색이 변하는 것이다. 면에 울금가루를 뿌리자 빨개졌다는 말은 중화면*에 알칼리성 물질이 들어 있다는 의미다. 그 알칼리성 물질은 함수(鹹水), 즉 바다의 짠물이다. 함수는 식품 첨가물의 일종으로, 중화면을 만들 때 사용하는 알칼리제다. 물질로는 탄산칼륨, 탄산나트륨(탄산소다), 탄산수소나트륨(소다), 인산류의

* 중화면은 알칼리 성분이 다량 함유된 간수로 밀가루를 반죽해 뽑는다. 밀가루에 알칼리 성분이 들어가면 색이 노르스름해지고, 간수는 반죽을 탄력있게 만들어 면발이 쫄깃해진다.

칼륨염 또는 나트륨염 중 한 종류 이상이 들어 있다. 일반적으로는 탄산칼륨, 탄산나트륨이 주로 사용된다. 함수를 물에 녹이면 약한 알칼리성을 띤다. 이 알칼리성이 밀가루의 글루텐 분자 구조를 변화(단백질이 변성)시켜 점성을 키우고, 그 결과 면의 탄력이 커지는 것이다. 또 중화면 특유의 향을 내게 된다. 중화면에서 볼 수 있는 특유의 노란색은 함수를 넣은 결과다. 그러므로 이 실험은 함수를 넣은 면을 사용할 때 의미가 있다. 나에게 이 실험을 가르쳐준 교사의 말에 따르면, "값싼 중화면일수록 성공률이 높다."고 한다.

한편 우스터소스에는 식초가 들어 있어 산성을 띤다. 그래서 함수 때문에 빨간색이 된 커큐민에 우스터소스를 치면 함수의 알칼리성이 중화되어 노란색으로 돌아오는 것이다.

울금가루가 들어간 새빨간 카레 볶음국수 완성!!

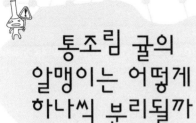

통조림 귤의
알맹이는 어떻게
하나씩 분리될까

 귤의 알맹이를 하나하나 분리하는 방법

　　귤 통조림 공장에서는 산지에서 딴 밀감을 사용해 통조
림을 만든다. 수확된 밀감은 과일을 고르는 선과장(選果場)에서
크기별로 분류된다. 통조림 공장에서는 밀감을 뜨거운 물에 담그
거나 증기를 쐬어 겉껍질을 말랑말랑하게 만든다. 그리고 겉껍질
이 불어난 상태에서 껍질을 벗기는 기계에 투입하면 기계는 롤
러를 이용해 껍질을 벗긴다. 대략 70% 정도는 기계로 벗길 수 있
지만 남은 부분은 사람의 손을 거쳐야 한다.

　　다음에는 물살을 이용해 밀감을 역원뿔 형태로 끼워진 고무

줄 사이에 밀어넣는데, 그곳을 통과하면 알맹이가 하나하나 분리된다.

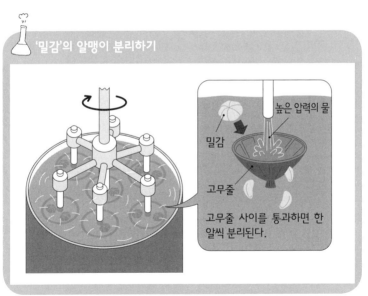

속껍질은 약품으로 처리한다

알맹이를 다 분리한 다음에는 속껍질을 처리한다. 이 단계부터는 약품이 사용된다. 사용하는 약품은 염산과 수산화나트륨 수용액이다.

먼저 0.7%의 염산과 함께 밀감을 30분 정도 흘려보내고, 그 뒤

'밀감'의 알맹이 분리하기

밀감

높은 압력의 물

고무줄

고무줄 사이를 통과하면 한 알씩 분리된다.

| 참고문헌 | 『제조 해체 신서 3권(モノづくり解体新書 3の巻)』, 일간공업신문사.

에 0.3%의 수산화나트륨 수용액과 함께 5분 동안 흘려보낸다. 그러면 속껍질이 녹아서 벗겨진다. 다음에는 물로 약품을 잘 씻어낸다. 약품이라고는 하지만 식품에 사용해도 무방한 순수한 약품을 사용하며 나중에 물로 씻어내기 때문에 제품에는 남지 않는다. 또 껍질이 벗겨진 밀감 알맹이 속에는 쌀알 크기의 작은 알갱이가 있는데, 자칫하면 그 알갱이를 감싸고 있는 주머니까지 녹여버리기 때문에 속껍질만 녹도록 약품의 농도와 온도, 시간을 미묘하게 조절한다.

이렇게 하면 우리에게 친숙한 통조림 귤과 똑같은 모양이 된다. 그 뒤에는 다양한 크기의 알맹이를 선별기로 분류한다.

이제 껍질을 벗긴 알맹이를 깡통에 넣고 시럽(당액)을 부은 뒤 진공 상태에서 뚜껑을 덮으면 귤 통조림이 완성된다.

> 귤의 속껍질은 약품으로 녹이는구나. 전부터 궁금했던 귤 통조림의 수수께끼가 드디어 풀렸어!

| 참고 |
http://sc-smn.jst.go.jp/flv1500/fB020601-115.swf

식초로
껍질을 녹인
'달걀 탱탱볼'

 반투명한 오렌지색 탱탱볼

암탉이 낳은 달걀을 식초에 하룻밤 담가놓으면 껍질이 없는 신기한 달걀(달걀 탱탱볼)이 된다. 달걀껍질의 안쪽에는 식초에 녹지 않는 난각막(卵殼膜)이라는 비교적 튼튼한 막이 있기 때문이다.

달걀은 딱딱한 껍질로 덮여 있다. 그 달걀껍질은 탄산칼슘이라는 물질로 구성되어 있다. 그리고 식초(주로 아세트산 수용액)는 탄산칼슘을 녹이는 성질이 있다. 달걀 탱탱볼을 만들 때 식초 속에서 거품이 올라오는데, 이것은 달걀껍질을 구성하던 탄산칼슘과 식초가 반응하며 생긴 이산화탄소다.

탄산칼슘 + 아세트산 → 아세트산칼슘 + 물 + 이산화탄소

달걀 탱탱볼을 만들 때 필요한 재료는 날달걀과 식초, 소금, 유리 병(달걀을 옆으로 뉘어서 넣을 수 있는 크기)이다.

[달걀 탱탱볼 만드는 법]

① 용기에 달걀을 넣고 달걀이 잠기도록 식초를 붓는다. 달걀껍질 표면에 이산화탄소 기포가 잔뜩 달라붙는다. 대략 반나절 간격으로 식초를 버리고 새로 붓는다.

② 아직 전체가 허여스름하더라도 표면에서 기포가 전혀 나오지 않고 손으로 눌렀을 때 말랑말랑해졌으면 용기에서 꺼낸다. 이렇게 될 때까지 최소 하루가 걸린다. 하루 반 정도는 식초에 담가두자.

③ 조심스럽게 물로 씻고 허여스름한 표면을 떼어낸다. 이때 손톱으로 긁거나 세게 문지르면 터진다.

이렇게 하면 흰자와 노른자가 얇은 막(난각막)에 감싸인 달걀 탱탱볼이 완성된다. 난각막은 단백질이 주성분인 강한 섬유상(狀) 물질로 만들어져 비교적 튼튼하며, 식초에 녹지 않는다.

달걀 탱탱볼이 완성되었으면 유심히 관찰해보자. 내부는 난각막에 감싸여 있다. 살짝 누르는 정도로는 터지지 않는다. 이 달걀은 난각막 덕분에 고무공처럼 말랑말랑한 성질을 지닌다. 또 전체가 반투명이며 노른자가 어렴풋이 보인다. 빛을 비춰보면 안에 있는 노른자가 또렷이 보인다.

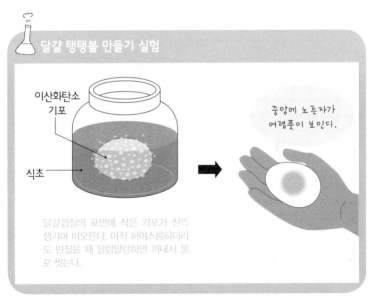

달걀 탱탱볼 만들기 실험

이산화탄소 기포

식초

중앙에 노른자가 어렴풋이 보인다.

달걀껍질의 표면에 작은 기포가 잔뜩 생기며 떠오른다. 아직 허여스름하더라도 만졌을 때 말랑말랑하면 꺼내서 물로 씻는다.

| 참고문헌 | 사마키 다케오, 『달걀 탱탱볼을 만들자(ぷよぷよたまごをつくろう)』, 초분사(汐文社)

원래의 달걀과 비교할 때 크기는 어떨까? 조금 더 실험을 해 보자. 물 속에 달걀 탱탱볼을 최소 2~3시간 이상 담가둔다. 그러면 달걀 탱탱볼이 원래의 크기보다 커진다. 다음에는 달걀 탱탱볼에 소금을 뿌리고 잠시 기다려보자. 소금을 달걀 전체에 골고루 바르면 이번에는 크기가 작아진다.

소금으로 채소를 절인다, 침투압 현상

달걀 탱탱볼이 커졌다가 작아졌다 하는 비밀은 달걀 탱탱볼을 감싸고 있는 막(난각막)에 있다. 난각막에는 물이 들어오고 나갈 수 있는 작은 구멍이 뚫려 있다. 이 구멍은 평범한 현미경으로는 보이지 않을 만큼 작아서, 1천만 배로 확대해도 지름이 수 밀리미터 정도밖에 안 된다. 물에 담갔을 때는 이 구멍을 통해 물이 들어와 달걀이 팽창하고, 소금을 발랐을 때는 이 구멍을 통해 물이 나온 것이다. 한편 물보다 분자가 큰 흰자나 노른자의 물질은 이 구멍을 통과하지 못한다.

이런 막을 반투막이라고 한다. 자연계에는 농도가 다른 액체가 만나면 서로 같은 농도가 되려고 하는 경향이 있다. 난각막은 막의 안쪽과 바깥쪽의 농도를 똑같이 하려고 수분을 받아들이거나 내보낸 것이다. 다만 난각막은 구멍이 조금 크고 성긴 편에 속하는 반투막이다.

이 현상은 채소를 절일 때도 볼 수 있다. 소금을 뿌리면 채소에서 수분이 나온다는 사실은 많은 사람이 알고 있을 것이다. 채소의 세포막은 반투막이기 때문이다. 채소의 내부보다 소금의 농도가 진하니까 수분이 나오는 것이다. 민달팽이에 소금을 뿌리면 몸속에서 수분이 나와 오그라드는 것도 같은 원리다. 나는 고등학교에서 아이들을 가르치던 시절에 오리알 크기의 달걀 탱탱볼을 몇 개 만들어 침투압 수업 시간에 아이들에게 보여줬다. 학생들은 신기한 듯 탄성을 지르며 달걀을 만졌다. 또 양배추를 썰어넣은 비닐봉투를 두 개 준비해 한 봉투에만 소금을 넣은 뒤 두 봉투 모두 입구를 묶고 잘 비볐다. 그런 다음 봉투를 열고 입구를 조심스럽게 아래로 향해 소금을 넣고 비빈 쪽에서 물이 뚝뚝 떨어지는 것을 보여줬다.

그리고 "이런 현상이 일어나는 다른 사례를 알고 있는 사람?" 이라고 묻자 누군가가 "민달팽이에 소금을 뿌릴 때요!"라고 대답했다. 나는 "그 대답이 나올 줄 알고 민달팽이를 준비했지."라고 말하며 반투막인 투석 튜브에 색이 들어간 물을 넣고 양쪽을 묶은 것을 보여줬다. "진짜를 가지고 실험하면 민달팽이가 불쌍하니까 인공 민달팽이를 만들어 왔다." 인공 민달팽이를 실험용 접시에 올려놓고 소금을 뿌리자 튜브에서 물이 새어나오며 조금씩 작아졌다.

🧪 '삶은 달걀'에 어떻게 소금 간을 할까

역의 매점 등에서 파는 삶은 달걀을 먹으면 신기하게도 소금 간이 되어 있다. '어떻게 소금 간을 한 거지? 어딘가에 구멍을 뚫은 다음에 소금물로 삶는 건가?'라고 생각하며 껍질을 열심히 살펴봐도 구멍은 뚫려 있지 않다. 도대체 어떤 방법으로 껍데기를 깨지 않고 달걀에 소금 간을 하는 것일까?

사실 달걀에는 눈으로 봐서는 알 수 없는 작은 구멍이 뚫려 있다. 달걀도 살아 있으므로 호흡을 한다. 그래서 기체가 드나드는 구멍이 뚫려 있다. 달걀이 오래되면 가벼워지거나 썩는데, 이는 그 구멍을 통해 수분이 증발해 빠져나가거나 세균 또는 곰팡이가 들어오기 때문이다. 그 구멍을 '기공(氣孔)'이라고 부른다. 좀 더 안쪽으로 들어가면 성긴 반투막인 난각막이 있다. 소금이 껍질의 기공과 난각막을 통과할 수 있다면 달걀에 맛이 스며든다는 말이다.

그러면 소금 간이 된 삶은 달걀을 집에서 만드는 방법은 무엇일까? 먼저 삶은 달걀이 아직 뜨거울 때 차가운 포화 식염수에 담그고 6시간 정도 냉장고에 넣어둔다. 그러면 식는 과정에서 달걀의 내압이 떨어지며 소금이 내부로 침투하기 때문에 껍질 바껍쪽에서 안쪽으로 소금 간이 스며든다. 소금 간이 된 삶은 달걀을 만드는 업자는 탱크 안의 포화 식염수에 갓 삶은 달걀을 담가 압력을 낮춤으로써 침투압을 통해 달걀에 소금 간이 배게 한다.

 온천 달걀 만드는 법

온천 달걀에 대해 들어본 적이 있을 것이다. 일반적으로 가정에서 삶은 달걀을 만들면 흰자부터 굳는다. '반숙'이라고 하면 노른자가 아직 굳지 않은 상태다. 그런데 온천 달걀은 반대로 노른자는 굳은 상태인데 흰자가 질척거린다. 이런 온천 달걀을 만들려면 온도를 65~68℃로 유지하면서 30분 이상 가열해야한다. 이를 위해서는 온도계가 필요하다.

왜 흰자보다 노른자가 먼저 굳는 것일까?

달걀의 성분인 단백질은 열을 가하면 굳는 성질이 있다. 그런데 흰자와 노른자는 들어 있는 단백질이 달라서 굳는 온도에 차이가 있다. 흰자는 70℃ 이상에서 굳기 시작하며, 확실히 굳으려면 80℃ 이상의 온도가 필요하다. 한편 노른자는 68℃ 정도로 조금 오랫동안 가열하면 굳는다.

요컨대 노른자는 굳지만 흰자는 굳지 않는 온도로 오랫동안 가열하면 온천 달걀이 되는 것이다.

세탁용 풀로
'슬라임'을
만들어보자

 슬라임이 뭐지!?

　슬라임 만들기는 과학 이벤트나 실험 교실 등에서 인기가 많은 실험이다. 뭐라고 형용할 수 없는 흐물흐물한 감촉에, 천천히 잡아당기면 늘어나지만 갑자기 잡아당기면 끊어진다. 슬라임은 콘솔 게임에 단골로 등장하는 몬스터로, 영어의 'slime'(끈적끈적한 물건, 점액)에서 유래했다.

　내가 과학 놀이를 할 때 만드는 슬라임과는 다른 일반적인 의미의 슬라임이라는 단어를 처음 본 것은 하수도 관련 문헌에서였다. 그 문헌에 나오는 슬라임은 박테리아가 만드는 미끈거리는 생물막 덩어리였다. 점착물을 가리키는 것이었다.

동전을 넣고 레버를 돌리면 장난감이 들어 있는 캡슐이 나오는 자동판매기에서 슬라임을 팔았던 적도 있다. 그러면 이 슬라임을 세탁용 풀 등으로 만드는 과학 놀이를 알아보자.

| 참고문헌 | 사마키 다케오, 『슬라임과 9가지 실험(手づくりスライムと9の実験)』, 초분사(汐文社)

슬라임, 어떻게 만들까

수제 슬라임이 일본에 처음 소개된 시기는 1985년이다. 도쿄에서 열린 제8회 국제화학회의에서 미국의 화학 교육자가 일본의 화학 교육자들에게 고분자의 실험으로서 시연한 것이 이

수제 슬라임이었다. 그 슬라임에는 폴리비닐알코올(PVA)이라는 물질의 분말이 사용되었다. 그것을 사용해 PVA 용액을 만든 다음 붕사 용액을 섞으면 슬라임이 만들어진다. 처음에는 PVA 분말을 물에 녹이기 어렵다는 난관에 부딪혔지만, 당시 한 교육대학 교수가 "시판되는 세탁용 액체 풀이 PVA 용액이니까 그걸 사용하자."고 제안함에 따라 세탁용 풀을 사용해 손쉽게 슬라임을 만들 수 있게 되었다.

나도 PVA 분말을 가지고 PVA 용액을 만든 적이 있는데, 정말 잘 녹지 않는다. 끈기 있게 저어주면서 소량씩 녹이는 수밖에 없다. 그에 비해 PVA 성분의 세탁용 액체 풀은 처음부터 용액 상태이므로 매우 손쉽게 슬라임을 만들 수 있다.

자성(磁性) 슬라임의 개발

사철(沙鐵)이나 사산화삼철 분말을 넣은 슬라임을 만들고 네오디뮴 자석 같은 강력한 자석을 사용하면 자석을 가까이 댔을 때 뿔이 생기는 등 슬라임이 마치 살아 있는 생물처럼 자석을 따라 움직인다. 또 자석을 곁에 놓으면 마치 자석을 먹어치우듯이 감싸버린다. 이것은 한 고등학교 교사가 개발한 실험이다.

이후 그림 도구나 빨간색 식용 색소 등으로 색을 입힌 슬라임

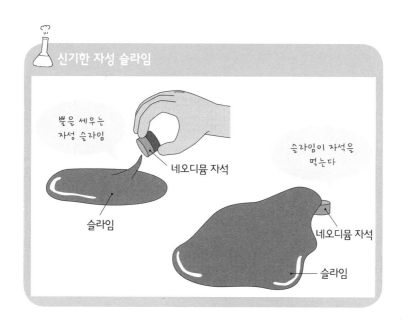

이외에도 라메(금실, 은실이 섞인 실 또는 직물－옮긴이)를 넣거나 형광제(간단하게 형광펜의 심을 빼서 물에 넣어 형광제 수용액을 만드는 방법도 있다) 또는 축광제(빛을 내부에 흡수해 저장하고 방출·발광하는 성질을 지닌 물질)를 넣어 어두운 곳에서 빛을 내는 슬라임 등 다양한 슬라임이 만들어졌다.

또 회사를 경영하는 데시마 시즈카 씨는 독성이 있는 붕사 수용액을 포화 상태로 사용하던 기존의 방법을 재검토해 훨씬 묽은 붕사 수용액으로 안전한 슬라임을 만들 수 있다는 것을 보여 줬다. 그의 방법은 아주 묽은 붕사 수용액을 사용하기 때문에 훨씬 안전성이 높지만, 그래도 혹시 모르니 슬라임을 가지고 논 다음에는 손을 깨끗이 씻어야 한다.

그가 소개한 방법은 다음과 같다.

[슬라임 만드는 법]

① 같은 양의 1% 붕사 수용액과 색수(수용성 형광제를 녹인 것)를 만들어놓는다.

② 필름 케이스 세 개에 ①의 두 액체와 세탁용 풀을 각각 담아 놓는다(같은 양).

③ 비닐주머니(가능하면 지퍼가 있는 것이 좋다)에 색수와 세탁용 풀을 넣고 잘 섞는다.

④ 풀에 색이 잘 섞였으면 1% 붕사 용액을 넣고 다시 섞는다.

⑤ 축광제를 넣었을 경우는 방을 어둡게 하면 빛을 내므로 아이들이 좋아한다!

구아검으로 만드는 슬라임

쓰쿠다오리지널사가 판매했던 캡슐 자동판매기용 슬라임은 구아검(천연 풀 성분)으로 만들었다는 이야기를 들었다. 세탁용 풀과 붕사를 사용하는 수제 슬라임보다 훨씬 잘 늘어나는 슬라임이었다.

구아검으로 슬라임을 만드는 데 성공한 사람은 고등학교 교사를 지낸 후지타 이사오 씨로, 1999년에 《이과 교육》이라는 잡지의 '구아검 슬라임을 만들자-떡처럼 쫄깃쫄깃한 슬라임'이라는 기사에서 소개했다. 내가 공동 집필한 『재미있는 실험ㆍ제작 사전』에도 슬라임 제작 방법이 다음과 같은 제목으로 소개되어 있다.

원조 세탁용 풀 슬라임
잘 늘어나고 오래 가는 새로운 슬라임을 만들자.
슬라임을 이용한 여러 가지 놀이와 실험
안전하고 확실한 슬라임 만들기

이렇게 보면 수제 슬라임의 역사가 거의 30년이나 되었음을 알 수 있다.

달고나에
숨어 있는
화학 원리

재미있는 과학 교재, 달고나

    예전에 노점에서 달콤한 향기로 아이들을 매료시키던 과자가 있었다. 졸인 설탕액에 흰 덩어리를 묻힌 막대를 넣고 저어주면 부풀어오르는데, 바로 달고나다.

    가정에서 달고나를 만드는 것이 유행하던 시절이 있었다. 예전에는 설탕이 매우 귀했다. 그때 사람들은 얼마 안 되는 설탕을 그냥 먹기보다 달고나로 만들어 먹는 편이 맛있을 것이라고 생각했다. 집에 할아버지, 할머니가 계시다면 그분들께 이야기를 들어보기 바란다. 이후에는 노점에서 만들어 파는 과자로 인기를 모았지만, 지금은 찾아보기가 어려워졌다.

달고나를 부숴보면 그 안은 구멍투성이다. 내부에 가스(기체)가 생기기 때문이다. 흰 덩어리에는 베이킹파우더에 사용되는 소다(탄산수소나트륨)가 들어 있다. 뜨거운 설탕액에 들어간 소다는 분해되어 이산화탄소(기체)를 발생시키는데, 그 이산화탄소가 구멍의 원인이다.

달고나의 화학 반응은 탄산수소나트륨의 열분해다.

탄산수소나트륨 → 탄산나트륨 + 물 + 이산화탄소

예전에 내가 진행한 달고나 수업이 '달고나를 만들며 재미있게 과학 수업을'이라는 제목의 기사로 신문에 소개된 적이 있는데, 신문 기사 데이터베이스에서 이 기사를 발견한 NHK의 방송 담당자가 취재를 왔다. 한 카피라이터가 가지고 있던 달고나 국자에 관한 방송이었다. 그 방송에서 나는 달고나가 노점의 메뉴로는 인기가 식었지만 재미있는 과학 교재로서 아직도 살아 숨쉬고 있다고 말했다.

달고나의 성공 포인트는 온도

설탕을 가열한 다음 소다를 넣고 저어주면 부풀어오른다. 그런데 이렇게 적으면 쉽게 달고나를 만들 수 있을 것 같지만

실제로 만들어보면 대부분 실패로 끝난다. 소다에서 나온 이산화
탄소(가스)가 빠져나가 부풀어오르지 않기 때문이다.

30여 년 전 나는 어떻게 해야 실패하지 않고 달고나를 만들 수
있을지 궁리하며 계속 도전했다. 그 결과 설탕액의 표면이 딱딱
해져 이산화탄소가 빠져나가지 못할 때 달고나가 부풀어오른다
는 사실을 알게 되었다. 설탕액이 굳지 않고 걸쭉한 상태에서는
이산화탄소가 빠져나가기 때문에 부풀어오르지 않는다. 말하자
면, 가스로 부풀어오를 때 설탕액이 급격히 굳는 상태가 되지 않

으면 실패하는 것이다.

설탕액의 상태는 온도에 따라 달라진다. 요컨대 달고나가 부풀어오르는 상태의 설탕액은 온도로 알 수 있다. 달고나 성공의 포인트는 온도였던 것이다.

[실패 없이 달고나를 만들기 위해 준비해야 할 것]

가운데가 움푹 파인 커다란 국자(지름이 10cm 정도) 또는 달고나용 국자

설탕(그래뉴당과 삼온당)*

소다(탄산수소나트륨)

달걀(흰자)

온도계(200℃까지 측정할 수 있는 온도계)

나무젓가락 몇 개

가는 철사

큰 숟가락

종이

가스풍로 혹은 가스버너

* 그래뉴당은 설탕 결정 중 가장 작은 분말 설탕으로, 잘 굳지 않아 보존성이 뛰어나다. 삼온당은 캐러멜 색소 등이 첨가된 흑설탕을 말한다.

달고나용 국자는 지름이 10cm, 깊이가 3cm다. 나는 지름이 8.8cm, 깊이가 2cm인 국자를 써서 간신히 성공하기는 했지만, 전용 국자가 아닌 일반 국자를 사용할 때는 좀 더 큰 것을 선택하는 것이 좋다. 액체의 온도를 정확히 재려면 국자의 깊이가 어느 정도 깊어야 한다.

[달고나를 만들기 전에 해야 할 일]

온도계가 달린 달고나 젓기 막대 만들기

온도계를 나무젓가락 사이에 끼우고 철사로 묶어 온도계가 달린 달고나 젓기 막대를 만든다. 이때 온도계 끝이 나무젓가락보다 조금 들어가게 끼우고, 온도계의 125℃ 부분에 표시를 해 놓는다.

'하얀 덩어리' 만들기

종이컵에 소다 + 달걀 흰자 + 그래뉴당을 반죽한 것을 만들어 놓는다.

달걀 흰자 소량에 탄산수소나트륨(소다)을 넣고 반죽해 소프트 아이스크림 정도의 굳기로 만든다. 그리고 여기에 그래뉴당을 소량 넣고 반죽한다. 소다에 그래뉴당을 첨가하면 반죽이 더 잘 굳는다. 요컨대 결정이 될 때 핵이 되어준다.

달걀 한 개의 흰자로 달고나를 40개 정도 만들 수 있으므로 달고나를 몇 개 만들 것이냐에 따라 양을 정한다.

달고나 젓기 막대에 하얀 덩어리 묻혀놓기

달고나 전용 국자를 사용할 경우에는 세트로 딸려 있는 달고나 젓기 막대를 사용한다. 나무젓가락으로 대신할 때는 세 개 정도를 묶어서 사용한다. 막대가 굵지 않으면 휘젓는 효율이 떨어지기 때문이다.

달고나 젓기 막대의 끝에 '하얀 덩어리'를 팥알 정도의 크기로 묻혀놓는다.

[달고나 만드는 법]

① 달고나 전용 국자를 사용할 경우, 그래뉴당(큰 숟가락으로 두 숟가락)과 삼온당(큰 숟가락으로 한 숟가락), 물(큰 숟가락으로 두 숟가락)을 국자에 넣는다. 이렇게 하면 그래뉴당과 삼온당을 합쳐 45~50g 정도가 되며 물의 양은 그 절반이 된다.

　일반 국자나 전용 국자의 한가운데에 온도계를 비스듬하게 넣었을 때 온도를 재는 빨간 부분이 완전히 액체에 잠겨서 액체의 온도를 올바르게 측정할 수 있도록 액체의 양을 조절하는 것이 핵심이다.

큰 국자를 사용해야 하는 이유는 국자가 작으면 액체의 온도를 정확히 잴 수 없기 때문이다.

② 중불로 가열한다. 이때 온도를 재면서 젓는다. 거품이 나올 때까지는 강불로 가열해도 무방하다. 104~105℃ 정도에서 온도 상승이 상당히 정체된다.

너무 빨리 저을 필요는 없다. 액체의 온도가 전체적으로 균일해질 정도로 저어주면 된다.

105℃까지는 거품이 생겼다가 금방 꺼진다.

③ 온도가 105℃를 넘으면 국자를 불에서 떨어트려 온도가 천천히 올라가게 한다. 125℃가 넘으면 불을 끄고 국자를 테이블 위에 놓는다.

천천히 열까지 센다. 거품이 가라앉으면 된다.

105℃를 넘어가면 거품에 점성이 생긴다. 거품이 넘치지 않도록, 그러면서 온도를 정확히 잴 수 있도록 젓는다.

110℃가 넘으면 국자를 불에서 조금 떨어트려(혹은 불을 약하게 줄여) 온도가 조금씩 오르게 한다. 이 단계가 온도 조절의 가장 중요한 포인트다.

불을 끌 때의 온도가 130℃를 넘기지 않도록 주의한다. 그냥 봐도 온도가 쑥쑥 올라가도록 가열하면 순식간에 130℃를 돌파해 실패하고 만다.

④ 하얀 덩어리를 묻힌 달고나 젓기 막대(나무젓가락 세 개를 묶은 것)를 액체의 한가운데 넣고 원을 그리며 젓는다. 제대로 되었다면 전체가 흰색이 되었다가 노란색을 띠게 된다.

▷ 원을 20번 정도 그리고 한가운데에서 막대를 빼낸다.

▷ 훅 하고 부풀어오른다.

▷ 막대로 저어주면 액체가 점점 끈끈해지며, 국자 바닥이 부분적으로 보이게 된다. 그 상태가 되면 막대를 뺀다. 액체의 상태에 따라서는 20번까지 젓지 않고 빼야 할 수도 있다.

⑤ 굳으면 국자 바닥 전체를 먼 불에서 가열해(특히 국자 가장자리 부분) 국자와 달고나가 붙어 있는 부분을 녹인다. (기울이거나 나무젓가락으로 눌렀을 때 달고나가 움직일 정도가 되었으면) 떼어서 종이 위에 올려놓는다.

[달고나를 만든 후의 뒷정리]

① 국자에 액체의 일부가 남아 있을 수 있는데, 그대로 다음 달고나를 만들어도 상관없다.

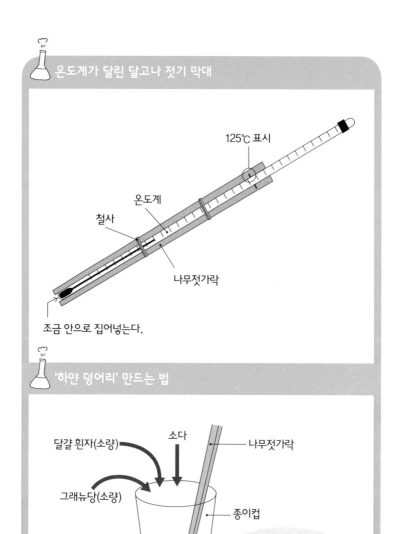

125℃ 표시

온도계

철사

나무젓가락

조금 안으로 집어넣는다.

달걀 흰자(소량)

소다

나무젓가락

그래뉴당(소량)

종이컵

소다의 양을 조절해 소프트아이스크림 정도의 굳기로 반죽한다.

② 실험이 끝난 뒤에 보면 설탕이 조리 도구 등에 찰싹 달라붙어 있는 경우가 많으므로 미리 가스레인지에 알루미늄 포일을 감아두면 좋을 것이다. 설탕은 물에 매우 잘 녹으므로 달라붙은 설탕은 물을 붓거나 물속에 잠시 담가놓았다가 닦는다. 사용한 도구는 물속에 잠시 담가놓으면 쉽게 닦을 수 있다.

③ 만약 실패해서 설탕액이 부풀어오르지 않고 국자에 달라붙었을 경우, 물을 붓고 불에 가열하면서 저어주면 설탕액을 쉽게 제거할 수 있다.

 설탕액의 다양한 변신

설탕액은 온도에 따라 다양한 상태로 변화하며, 원래 상태로는 되돌아가지 않는다.

115℃나 120℃에서는 물엿 상태가 된다. 125℃의 설탕액은 식는 순간 동그랗게 굳으며, 손가락으로 누르면 부서지는 상태가 된다. 130℃의 설탕액은 금방 딱딱해진다. 135℃의 설탕액도 딱딱해진다. 140℃에서는 실처럼 늘어난다. 그러므로 달고나가 잘 부풀어오른 상태에서 굳으려면 액체가 125~135℃(130℃가 최적)의 범위여야 하는 것이다. 설탕 시럽과 퐁당(설탕과 물을 끓여서

식힌 후 순백색이 될 때까지 휘저어 만든 것. 케이크나 쿠키의 장식에 쓰인다), 맛탕, 캐러멜 등은 이 성질을 이용해 만든 것이다.

또 설탕 사탕은 연한 색이 들어간 유리처럼 생겼는데, 설탕 사탕을 만들 때 설탕액의 온도는 150~160℃의 범위다. 나는 액체의 온도를 재면서 가열해 150℃를 넘겼을 때 알루미늄 포일 위에 이쑤시개를 놓고 액체를 부어서 사탕을 만들어 먹는다.

고무의 변신은 어디까지?

고체이면서도 매우 부드러운 고무

힘을 주면 늘어나거나 꼬이는 등 자유자재로 모습을 바꾸는 고무 밴드. 고무 밴드는 일상생활에서 매우 친숙한 고무 제품이다.

고무의 특성을 정리하면 다음 세 가지가 있다.

1. 부드럽다(돌이나 쇠, 유리 등에 비해).
2. 크게 변형시켜도 부서지지 않는다(돌이나 쇠, 유리 등에 비해. 예를 들면 쉽거나 휘어도).

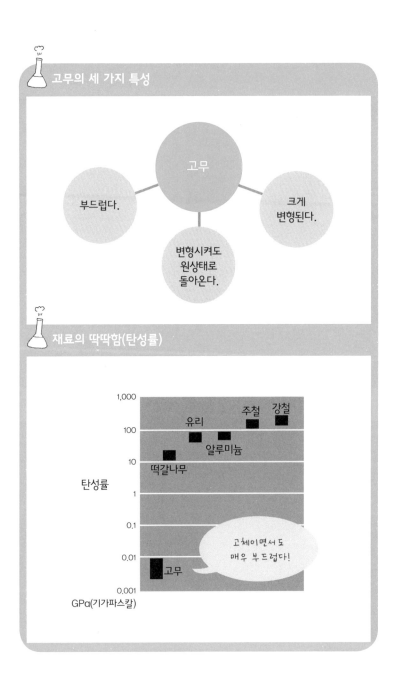

고무의 세 가지 특성

부드럽다.

고무

크게
변형된다.

변형시켜도
원상태로
돌아온다.

재료의 딱딱함(탄성률)

1,000

100

10

1

0.1

0.01

0.001

탄성률

유리

주철 강철

알루미늄

떡갈나무

고무

고체이면서도
매우 부드럽다!

GPα(기가파스칼)

3. 힘껏 접거나 휘는 등 상태를 크게 변형시켜도 힘을 빼면 다시 원래 상태로 돌아온다.

특히 손을 떼면 원래 상태로 돌아온다는 세 번째 특성이 고무다움을 의미할 때 필요한 조건이다. 실제로 재료의 딱딱함(탄성률)을 비교해보면 고무는 다른 재료보다 압도적으로 부드럽다는 것을 알 수 있다. 원래의 형태보다 몇 배로 늘려도 손을 떼면 다시 원래 모양으로 돌아온다. 재료의 탄성률은 '물건을 어느 정도 늘리려면 얼마나 큰 힘으로 잡아당겨야 하는가?'로 나타낼 수 있다. 탄성률은 그때의 힘(변형력)을 변형(원래의 길이에서 더 늘어난 길이)으로 나눠서 구한다. 단위는 GPa(기가파스칼, 10^9파스칼)이며, 이 수치가 작을수록 같은 힘으로 잡아당겼을 때 더 늘어난다. 1GPa는 $1m^2$당 1천 톤의 압력을 견딜 수 있는 정도다.

타이어 튜브를 자르면 고무 밴드가 된다?

19세기 영국인 토머스 핸콕은 병 모양으로 만든 고무를 여러 장으로 자른 후 이것을 다시 얇고 긴 조각으로 분할하여 고무 밴드를 만들었다. 그후 일본에서는 자전거의 타이어 튜브를 잘게 잘라 고무 밴드를 생산했다. 1923년에 교와 고무공업주식

회사의 창업자인 니시지마 히로조 씨가 자전거 튜브를 얇게 자른 고무 밴드를 고안해 판 것이 시초. 고무 밴드는 여러 가지 물건을 정리할 때 대활약했고, 그후 많은 은행들이 지폐를 묶는 도구로 고무 밴드를 채용했다.

이렇게 고무 밴드가 활약하는 영역이 넓어지면서 식품에도 쓰이게 되었다. 그런데 원래 자전거 튜브였던 것을 식품에 사용하기에는 위생상 문제가 있다. 그래서 현재의 고무 밴드가 탄생하게 되었다. 원재료인 고무나무 수액의 채취부터 고무 밴드를 만들기까지 그 과정과 방법을 살펴보자.

고무나무에서 수액을 채취한다, 라텍스

고무 산지는 대부분 적도 부근, 특히 동남아시아에 집중되어 있다. 중남미 원산의 뽕나무과 식물인 고무나무의 줄기에 상처를 내면 그 상처에서 수액이 배어 나오는데, 용기를 준비해 이 수액을 받는다. 수천 그루나 되는 나무에서 수액을 모으는 매우 소박한 작업이다. 이렇게 해서 얻은 수액을 라텍스라고 한다.

과거에는 라텍스를 가열하거나 연기에 그을리는 방법으로 수분을 증발시켜 '생고무'를 만들었다. 흙으로 만든 틀에 라텍스를 발라 건조시킨 다음 틀을 깨고 꺼내 고무 항아리나 물통을 만들

고무나무에 상처를
내 그 상처에서 흘러나오는
수액을 받는다. 이렇게 얻은
수액을 '라텍스'라고 한다.

었다.

고무를 유럽에 처음 소개한 사람은 콜럼버스로 알려져 있다. 그는 1493년의 두 번째 항해에서 푸에르토리코와 자메이카에 상륙했는데, 그곳에서 원주민들이 크게 튀어오르는 공을 가지고 노는 것을 보고 깜짝 놀랐다고 한다.

그러나 그가 가지고 돌아온 고무는 지우개나 장난감에 사용될 뿐이었다. 참고로 고무를 의미하는 'Rubber'는 영어로 '문질러 지우다(rub out)'에서 유래했다.

현재 생고무는 라텍스에 산을 첨가해 굳히고 다시 여기에 가

공을 위한 배합제를 첨가해 만든다. 이물질을 제거한 다음 압착해 블록 모양으로 만들며, 황이나 황의 활동을 돕는 촉진제, 안료를 섞어 잘 반죽한다.

 황을 섞어 탄력성을 높인다

그러면 다시 고무 밴드를 만드는 법을 살펴보자.

생고무와 황 또는 촉진제, 안료를 섞어 반죽한 것을 압출기라는 기계에 넣어 튜브 모양으로 성형한다. 이 튜브의 안지름은 만드는 고무 밴드의 크기에 따라 달라진다. 요컨대 지름이 큰 고무 밴드라면 안지름이 큰 튜브, 작은 고무 밴드라면 안지름이 작은 튜브를 만든다. 그러나 이 단계에서는 아직 탄력성이 약하다. 그래서 고무에 황을 섞어서 고온으로 가열한다. 그러면 황 분자가, 실과 같은 형태로 결합되어 있을 뿐이던 고무 분자를 연결하는 다리 역할을 해 고무에 탄력성이 생긴다.

탄력성이 높은 고무가 실용화된 것은 미국의 찰스 굿이어 (Charles Goodyear, 1800~1860)가 1839년 겨울에 우연한 사건을 계기로 고무에 황을 섞어 가열하는 '가황(加黃)'이라고 부르는 기술을 개발한 뒤부터다. 가황을 통해서 고무의 탄성은 비약적으로 높아졌으며 내구성도 향상되었다. 가황은 고무의 실용화 역사에서 가장 획기적인 발명이었다. 쉽게 열화되는 탓에 신기한 감촉의 장난감으로나 쓰였던 고무의 용도가 타이어 등으로 확대된 것이다.

가황한 튜브는 기계에서 일정한 폭으로 절단된다. 이때 어떤 폭으로 절단하느냐에 따라 가는 고무 밴드에서 굵은 고무 밴드까지 다양한 고무 밴드를 만들 수 있다. 그다음에는 고무 밴드를 기계로 한꺼번에 세정해 건조시키면 고무 밴드가 완성된다. 완성된 고무 밴드는 용도에 따라 주머니나 상자에 담겨 출고된다.

가황을 하지 않은 고무(생고무)는 일단 변형되면 원래의 모양으로 돌아오지 않는데, 가황을 하면 탄력성이 증가해 원래의 모양으로 돌아오게 된다. 고무에 힘을 주지 않을 때 고무의 긴 분자는 느슨한 상태다. 생고무는 잡아당기면 어느 정도 탄성력을 보이지만, 장시간 늘어난 채로 있으면 원래의 모양으로 돌아가지 않는다. 이것은 분자의 위치 관계가 어긋나버리기 때문이다. 그런데 가황 과정을 거치면 황 분자가 가교 역할을 해서 그물 같은 상태가 되므로 원래의 모양으로 되돌아가는 것이다.

 고무 밴드를 늘리면 온도가 올라간다
굵은 고무 밴드를 한계까지 늘린 다음 중앙 부분을 가

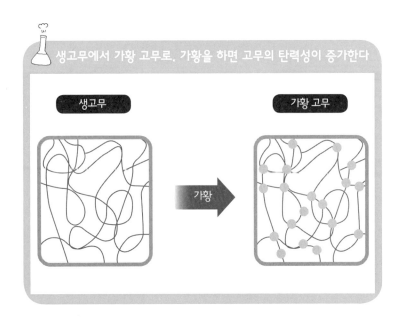

생고무

가황 고무

가황

볍게 입술로 물어보자. 그 상태에서 고무 밴드를 갑자기 줄어들게 하거나 줄어든 고무 밴드를 갑자기 늘리면 온도 변화를 느낄 수 있다.

고무에 힘을 주지 않을 때는 고무의 긴 분자가 느슨한 상태에서 부들부들 진동한다. 그런데 갑자기 고무를 잡아당기면 진동하기 어려워져 그만큼의 에너지가 남게 된다. 그 남은 에너지가 고무의 온도를 높인다. 반대로 고무를 늘였다가 손을 떼면 다시 분자가 진동할 수 있게 되어 주위에서 진동을 위한 에너지를 흡수하므로 온도가 내려간다.

고무 밴드가 한계까지 늘어난 상태에서 추를 매달고 뜨거운 물을 부으면 어떻게 될까? 온도가 높아지면 분자의 진동이 심해지는데, 이렇게 되면 늘어난 상태의 고무는 원래 상태로 돌아가려고 하는 힘이 강해져 수축한다.

다른 고체는 가라앉는데, 얼음은 왜 물에 뜰까

고체를 액체에 넣으면 가라앉는다

물은 수소와 산소가 결합한 물 분자로 구성되어 있다. 수소는 우주에서 가장 많은 원소이고 산소는 지구의 지각 속에서 가장 많은 원소이므로 물은 천지에서 가장 평범한 물질이라고 할 수 있다.

그 때문인지 고체인 얼음이 액체인 물에 둥둥 떠 있어도 전혀 이상하게 느끼지 않는 사람이 많다. 그러나 '얼음이 물에 뜬다.'는 것은 사실 물이라는 물질의 '특이성'을 보여준다. 수천만 종류나 되는 자연계의 물질 중에서도 극히 드문 예외라고 말할 수 있을 정도다.

 일반적으로 같은 물질의 액체와 고체라면 고체의 밀도가 더
크다. 미시적인 눈으로 바라보면 물질을 구성하는 분자는 액체보
다 고체가 더 빽빽하게 밀집해 있다. 액체든 고체든 분자와 분자
는 서로 끌어당긴다. 그런데 고체의 경우는 분자와 분자의 거리
가 가까워서 서로 끌어당기는 힘이 강하기 때문에 각자의 위치
에서 움직이지 않는다.

 한편 액체는 분자와 분자의 거리가 떨어져 있어서 서로 끌어
당기는 힘이 고체보다 약하기 때문에 분자가 이리저리 움직인다.

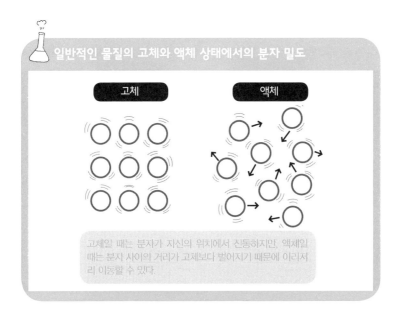

일반적인 물질의 고체와 액체 상태에서의 분자 밀도

고체일 때는 분자가 자신의 위치에서 진동하지만, 액체일
때는 분자 사이의 거리가 고체보다 벌어지기 때문에 이리저
리 이동할 수 있다.

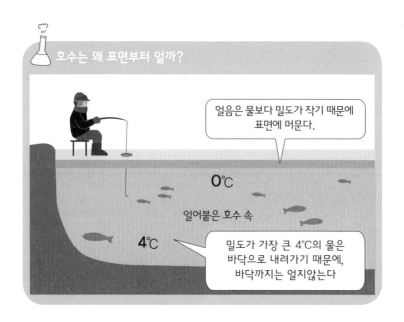

담는 용기에 따라 액체의 모양이 변하는 데는 그런 이유가 있는 것이다. 액체일 때 분자가 이리저리 움직인다는 말은 고체일 때보다 분자 한 개가 운동하는 공간이 조금 더 넓다는 뜻이다. 요컨대 고체는 분자가 빽빽하게 밀집되어 있고 액체는 그보다 여유가 조금 더 있다는 의미다. 그래서 일반적인 물질은 고체의 밀도가 더 크며, 고체를 액체 속에 넣으면 가라앉는다.

 얼음이 물에 뜨는 것은 알고 보면 신기한 현상

그런데 물의 경우 고체인 얼음이 액체인 물에 뜬다. 얼음의 밀도는 0℃에서 0.9168g/cm³인데, 얼음이 녹으면 약 10%가까이 부피가 줄어들어 0℃에서 0.9998g/cm³인 물이 된다. 그리고 온도가 높아짐에 따라 물의 밀도도 커져서, 3.98℃에서 최대치인 0.999973g/cm³가 된다. 이보다 온도가 올라가면 이번에는 물의 밀도가 점점 작아지지만, 끓는점인 100℃가 되어도 0.9584g/cm³이므로 얼음에 비하면 약 5%가 크다.

물과 같이 고체의 밀도가 액체보다 작은 물질은 게르마늄과 비스무트, 규소 등 극히 제한적이다. 추운 겨울밤에 수도관이 얼어서 파열하는 이유는 물에서 얼음이 될 때 부피가 증가하기 때문이다. 이러한 물의 '특이성' 덕분에 물속에 사는 생물은 겨울을 안전하게 보낼 수 있다.

연못이나 호수 등에서 표면의 물은 바깥 기온이 내려가 4℃까지 차가워지면 밀도가 커져 가라앉는다. 밀도가 가장 큰 4℃의 물은 바닥으로 내려가고, 0℃에 가까운 물이 수면 부근으로 올라간다. 그리고 기온이 더 떨어지면 수면 부근부터 얼음이 되어간다. 얼음은 밀도가 물보다 작으므로 가라앉지 않고 수면에 뜬다. 이렇게 수면에 얼음층이 생기면 살을 에는 듯한 겨울밤에도 물이 바닥까지 얼지 않도록 단열재 역할을 한다.

만약 물도 일반적인 물질처럼 온도가 내려갈수록 부피가 줄어든다면 차가운 액체가 바닥에 쌓여서 바닥부터 얼기 시작할 것이다. 그러면 단열재 역할을 해줄 것이 없으므로 결국 바닥부터 수면까지 전부 꽁꽁 얼어붙는다. 이렇게 된다면 물속에서 생물이 살아갈 수 없을 것이다.

얼음은 물 분자 사이에 틈이 많다

물 분자의 모양은 아래 그림처럼 생긴 것으로 알려져 있다. 이것은 대충 지름이 거의 3Å(옹스트롬, 1Å=10^{-10}m)인 원으로 생각할 수 있다. 물 분자를 구성하는 수소 원자와 산소 원자는 전기를 띠고 있다. 수소 원자는 δ^+(델타 δ는 작은 값이라는 의미)의 전

물 분자의 모양

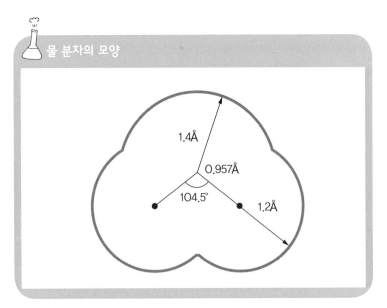

기를 띠고, 산소 원자는 δ^-의 전기를 띠고 있다. 물 분자는 분자 속의 전기적인 편중이 큰 분자다.

그러면 어떤 물 분자의 수소 원자와 근처의 (다른)물 분자의 산소 원자가 서로 끌어당긴다. 이 결합을 수소 결합이라고 한다. 수소 결합은 일반적인 분자가 서로 끌어당기는 힘보다 강하다.

일반적인 얼음은 물 분자가 수소 결합으로 연결되어 결정이 되었으며, 이 결정을 위에서 바라보면 물 분자가 육각형으로 늘어서 있다. 눈의 결정도 이 구조가 모인 것이므로 육각형이 된다.

일반적인 얼음의 구조 그림을 보면 알 수 있듯이 얼음은 틈새가 많은 구조다. 녹아서 액체가 되면 부분적으로 결정 구조가 붕

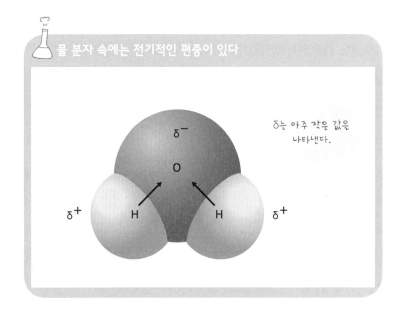

물 분자 속에는 전기적인 편중이 있다

δ는 아주 작은 값을 나타낸다.

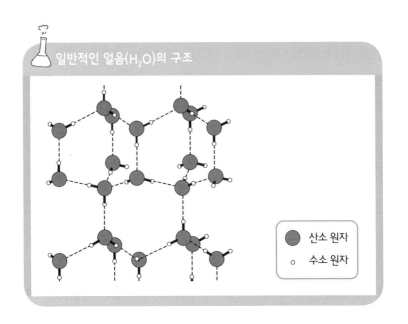

일반적인 얼음(H$_2$O)의 구조

산소 원자
수소 원자

괴되면서 틈새의 일부를 물 분자가 더 빽빽하게 채우므로 물의
밀도가 얼음보다 커지는 것이다. 온도가 오르면 물 분자가 틈새
를 메우므로 밀도가 커진다.

그리고 물 분자의 열운동이 격렬해지면 분자의 운동 공간이
커지므로 팽창한다. 즉 밀도가 작아진다. 이 균형에 따라 4℃까
지는 밀도가 커지고 4℃가 넘어가면 밀도가 작아진다.

얼음의 여러 가지 종류

얼음에는 온도와 압력에 따라 수많은 타형(결정 구조)이 있다. 일반적으로 볼 수 있는 얼음은 얼음I이라고 부르는 것이다.

고압 속의 얼음이 일반적인 얼음과 다름을 밝혀낸 사람은 미국 하버드대학의 물리학자인 퍼시 브리지먼((Percy Williams Bridgman, 1882~1961)이다. 그는 고압 연구의 업적을 인정받아 1946에 노벨 물리학상을 받았다. 브리지먼은 고압 발생 장치를 고안해 세계 최초로 물을 실온 상태에서 1만 기압 이상으로 압축해 고압 얼음을 만드는 데 성공했다. 1만 기압 부근에서 만들어지는 얼음을 얼음VI라고 부른다. 이보다 더 압축해 2만 기압 부근에서 생기는 얼음은 얼음VII다. 이런 고압 얼음은 밀도가 1g/cm³보다 큰 얼음, 즉 '물에 가라앉는 얼음'이다. 현재는 물에 가하는 압력이나 온도를 변화시키면 매우 다양한 종류의 얼음을 만들 수 있음이 밝혀졌다. 2009년에 초고압에서 만든 얼음XV는 온도가 섭씨 수백 도나 된다.

어느 고등학교 교사는 대학 등의 협력으로 간이형 고압 장치를 만들어 물리 수업 시간에 얼음VI를 학생들에게 보여줬다. 고압 장치에는 지구상에서 가장 단단히 압축하는 데 적합한 다이아몬드를 사용한다. 다이아몬드는 무색투명하므로 중심에서 압축된 물과 얼음을 볼 수 있다. 나는 고압 얼음이 물에 천천히 가라앉는 모습을 영상으로 본 적이 있는데, 이 눈으로 직접 볼 수 있는 날이 오기를 바란다.

맺음말

화학은 교실 안에서만
쓸모 있는
학문이 아니다

고등학교 때 화학 과목을 선택한 많은 사람 가운데 "물리보다는 쉽고 생물보다는 외울 것이 적을 줄 알았는데 막상 수업을 받아 보니 꽤 어려웠다."고 말하는 사람도 있을 것이다. 그러나 그것은 가르치는 방법에 문제가 있을 뿐이며, 사실 화학은 정말 매력적인 학문이다.

식품에 들어가는 첨가물이나 후쿠시마 제1 원자력 발전소의 사고에 따른 방사성 물질 등의 예를 봐도 알 수 있듯이 지금은 화학 물질을 어떻게 대해야 할지에 관해 올바른 판단이 필요한 시대다. 그런데 화학을 가르치면서 '화학의 재미나 우리의 삶과 화학의 깊은 관계'에 대해서는 이야기하지 않는다.

나는 '물질의 성질과 변화를 이야기하는 화학'이라는 학문의 지적인 즐거움과 더불어, 화학의 이론 및 실험이 우리의 생활이나 사회와 폭넓게 연결되어 있음을 실감할 수 있도록 가르쳐야 한다고 생각한다. 예를 들어 이 책에서 다룬 달고나는 내가 과학 실험으로 전국에 확산시킨 것이다. 화학 변화를 배울 때 탄산수소나트륨(소다)의 분해를 이용하는 달고나를 만드는 실험을 해보는 것이다. 이런 실험을 통해 화학이 교실 안에만 쓸모가 있는 학문이 아니라 좀 더 우리 생활과 밀접한 학문임을 전하려고 의식적으로 노력해왔다.

학교에서 배우는 과학의 내용을 어떻게 구성할지, 가르치는 방식과 수업 방법을 어떻게 꾸려갈지를 전문으로 연구해왔기 때문에 "과학은 재미없어!"라는 말을 들으면 무척 슬퍼진다.

분명히 무미건조하고 따분한 내용을 암기하기만 하는 과학은 재미가 없을 것이다. 그래서 이 책에서는 다음 이야기가 궁금해지는 일화를 섞어가며 화학 이론을 되도록 쉽게 전개하려고 노력했다.

최첨단 과학이 아니라 과학의 기본에 해당하는 내용도 이렇게 재미있다는 사실을 조금이라도 알리는 데 성공한다면 기쁠 것이다.

참고 문헌

지타니 도시조(千谷利三), 『연소와 폭발(燃燒と爆発)』, 마키서점(槙書店), 1957년.

사마키 다케오(左巻健男), 『과학지의 맨얼굴(素顔の科学誌)』, 도쿄서적(東京書籍), 2000년.

사마키 다케오, 『재미있는 실험·제작 사전(おもしろ実験·ものづくり事典)』, 도쿄서적, 2002년.

사마키 다케오, 『화제의 화학 물질 100가지 지식(話題の化学物質100の知識)』, 도쿄서적, 1999년.

야마자키 아키라(山崎昶), 『화학 무엇이든 물어보세요 PART II(化学なんでも相談室 Part2)』, 고단사 블루백스(講談社ブルーバックス), 1983년.

사마키 다케오, 『물은 아무 것도 모른다(水はなんにも知らないよ)』, 디스커버21(ディスカヴァー·トゥエンティワン) 디스커버 휴서(ディスカヴァー携書), 2007년.

사마키 다케오, 『새로운 고교 화학 교과서(新しい高校化学の教科書)』, 고단사 블루백스, 2006년.

일본자연보호협회, 『야생의 위험한 생물(野外における危険な生物)』, 사색사(思索社), 1982년.

사마키 다케오, 〈RikaTan(과학 탐험)〉.

수학의 역사
- 수학을 잘하기 위해 먼저 읽어야 할

지즈강 지음 | 권수철 옮김 | 284쪽 | 값 14,900원

수학의 역사를 따라가다 보면 어느새 수학이 쉬워진다!
통합형 공부를 준비하기 위한 현명한 선택!
300여 장이 넘는 풍부한 사진과 도표!
상하이자오퉁대학과 중국의 지성 장샤오위안
이 직접 기획편집한 똑똑한 수학책

종이책 읽기를 권함

김무곤 지음 | 256쪽 | 값 12,000원

2011 대한출판문화협회 선정 올해의 청소년 도서
2012 포항시 올해의 원북(One Book) 선정
우리 시대 한 간서치가 들려주는 책을 읽는 이
유. 책이 사라져가는 시대, 책의 가치를 잃어가
는 시대에 우리는 왜 종이책을 읽어야 하는가.

화학에서 인생을 배우다

황영애 지음 | 256쪽 | 값 14,000원

2010 교육과학기술부 인증 우수과학도서, 2011 서울과
학고 추천도서, 2011 책따세 여름방학 추천도서, 도서
추천위원회 추천도서
평생을 화학과 함께 해온 한 학자가 화학 속에
서 깨달은 인생의 지혜. 중성자, 플라즈마, 촉매,
엔트로파… 19가지 화학적 개념을 통해 학문의 즐거움을 깨닫
게 하고 사유의 지평을 열어줄 교양과학서

꿀벌을 지키는 사람

한나 노드하우스 지음 | 최선영 옮김 | 360쪽 | 값 14,500원

"문학성이 짙은 훌륭한 르포, 사랑스런 작품이다!"
—프레시안, 최성각 (작가, 풀꽃평화연구소장)
한 남자와 5억 마리의 꿀벌들이 어떻게 세상을
지키는가. 사라져가는 것을 지켜가는 한 사람의
삶과 노력의 산물에 대한 면밀한 관찰, 그리고
감동의 이야기. AP통신, 〈워싱턴 포스트〉지 등 해외 유수 언론
들이 일제히 극찬한 매혹적인 작품.

생물학의 역사
- 과학공부를 잘하기 위해 먼저 읽어야 할

쑨이린 지음 | 송은진 옮김 | 이은희 감수 | 286쪽 | 값 14,900원

통합형 과학공부를 위해 선택해야 할 최적의 과학교재
방대하고도 흥미진진하게 펼쳐지는 거의 모든
생물학의 역사!
교실에서 미처 이해 못한 모든 생물학.
풍성한 과학적 지식과 재미있는 이야기들을 통해 배운다!

시골빵집에서 자본론을 굽다
- 천연균과 마르크스에서 찾은 진정한 삶의 가치와 노동의 의미

와타나베 이타루 지음 | 정문주 옮김 | 235쪽 | 값 14,000원

일본 아마존 사회·정치 분야 베스트셀러 1위
국내 출간 즉시 전 언론의 격찬 및 전국서점 베스트셀러
석권!
빵의 발효와 부패 사이에서 자본주의의 대안적
삶을 찾다! 일본 변방 가쓰야마의 작은 시골마
을에서 빵집 주인의 잔잔하고 유쾌한 마르크스 강의가 펼쳐진다

화학에서 영성을 만나다
- 평생 화학을 가르쳐 온 교수가 화학 속에서 만난 과학과 영성
에 관한 이야기.

황영애 지음 | 전원 감수 | 270쪽 | 값 14,000원

2014 고도원의 아침편지 추천도서
홀로 존재해도 완전한 비활성기체, 정제염과 천
일염의 삶, 평등한 관계에서 공유결합, 톤즈의 이태
석 신부와 플라즈마의 산화정신… 과학을 통해
영성을 이해하고, 종교를 통해 과학을 배운다

그 많던 쌀과 옥수수는 모두 어디로 갔는가

월든 벨로 지음 | 김기근 옮김 | 288쪽 | 값 14,900원

식량전쟁을 둘러싸고 벌어지는 세계화와 신자유주의의
본질
세계적 석학이자 탈세계화 운동의 지도자 월든
벨로의 최신작. 최초로 옥수수를 지배했던 멕시
코, 쌀 자급국가였던 필리핀이 수입쌀과 수입옥
수수에 의존하게 된 까닭은? 전세계 식량부족 사태의 이면을 파
헤친 수작!

신뢰가 답이다

- 당신을 둘러싼 모든 문제를 풀어줄 관계의 기술

켄 블랜차드 외 지음 | 정경호 옮김 | 160쪽 | 값 12,900원

『칭찬은 고래도 춤추게 한다』의 세계적 베스트셀러 작가 켄 블랜차드의 신작!
칭찬 이후 10년 만에 강력하게 제시하는, 두 번째 시대적 화두 '신뢰'. 한 편의 우화를 통해 배우는 신뢰받는 사람의 4가지 행동공식

러닝

- 20대 이후의 삶을 성장시키는 진짜 공부의 기술

김현정 지음 | 160쪽 | 값 12,900원

러닝 퍼실리테이터 김현정 교수의 변화와 성장을 위한 긴급제안!
"나는 공부를 해도 왜 미래가 안 보일까?"
세계 유수대학에서 검증된 탄탄한 이론과 기업과 교육현장에서 찾은 풍부한 사례로 완성된 현실적 솔루션

주거해부도감

- 집짓기의 철학을 담고 생각의 각도를 바꾸어주는 따뜻한 건축책

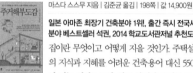

마스다 스스무 지음 | 김준균 옮김 | 198쪽 | 값 14,900원

일본 아마존 최장기 건축분야 1위!, 출간 즉시 전국서점 분야 베스트셀러 석권, 2014 학교도서관저널 추천도서
집이란 무엇이고 어떻게 지을 것인가. 주택설계의 지식과 지혜를 어려운 건축용어 대신 550점이 넘는 일러스트와 쉽고 담백한 문장으로 담아낸 흥미로운 건축 이야기

주거 인테리어 해부도감

- 부엌, 거실, 욕실, 수납, 가구에 이르기까지 세계적 거장 11인의 지혜를 빌리다

마쓰시타 기와 지음 | 황선종 옮김 | 200쪽 | 값 14,900원

화제의 베스트셀러 『주거해부도감』에 이은 집과 인테리어 건축의 교과서
600점이 넘는 일러스트와 흥미로운 이야기로 명작의 품격과 감각을 우리 삶에서 실현하다.
새로운 아이디어로 가득찬 80여 가지의 명작 가구와 집 이야기

주거 정리 해부도감

- 정리수납의 비밀을 건축의 각도로 해부함으로써 안락한 삶을 짓다

스즈키 노부히로 지음 | 황선종 옮김 | 132쪽 | 값 12,900원

'해부도감' 시리즈의 결정판!
출간 즉시 일본 아마존 건축 생활분야 베스트셀러 1위
주거와 물건의 관계를 다시 생각하고, 새로운 삶을 시작하게 하는 똑똑한 주택설계 이야기
"아무리 청소해도 금세 다시 집이 너저분해진다면, 그건 당신이 아닌, 집을 설계한 사람의 책임이다."

최고의 집을 만드는 공간 배치의 교과서

- 편안한 일상을 담고 색다른 가치를 일깨우는 공간설계와 디자인의 기본

사가와 아키라 지음 | 196쪽 | 황선종 옮김 | 값 16,900원

2013 일본 아마존 주택 건축 분야 1위!
사람은 집을 만들고, 집은 사람을 만든다.
"당신은 어떤 집에 살고 계십니까?"
설계의 기본과 반짝이는 아이디어,
400점 이상의 일러스트로 쉽고 재미있게, 알차게 배운다!

삶을 닮은 집, 삶을 담은 집

- 현실을 담고 사는 맛을 돋워주는 19개의 집 건축 이야기

김미리, 박세미, 채민기 지음 | 288쪽 | 값 18,000원

이제, 집은 사는(買) 것이 아니라 사는(住) 곳이다!
출간 즉시 전국서점 베스트셀러 석권!
국내 최고 건축가들과 평범한 사람들이 만든, 고정관념을 깨는 새로운 집의 탄생. 조선일보 화제의 연재 시리즈 〈집이 변한다〉, 책으로 출간.

건축가, 빵집에서 온 편지를 받다

- 세계적 건축가와 작은 시골 빵집주인이 나눈 세상에서 가장 따뜻한 건축 이야기

건축가 나카무라 요시후미, 건축주 진 도모노리가 함께 씀 | 황선종 옮김 | 204쪽 | 값 14,900원

국립중앙도서관 사서추천도서
"작은 빵집의 설계를 기꺼이 맡겠습니다. 그리고 설계 비용의 절반을 빵으로 받고 싶습니다."
'소박한 건축의 거장' 건축가 나카무라 요시후미와 건축 의뢰인이 함께 만들어간 건축의 근원적 의미와 진정한 삶의 태도

세계 최고 아빠의 특별한 고백
- 기발하고 포복절도할 사진 속에 담아낸 어느 딸바보의 유쾌한 육아기

데이브 잉글도 지음 | 정용숙 옮김 | 192쪽 | 값 13,5000원

**국경을 초월한 폭풍 공감 댓글과 응원!
전세계 인터넷을 뜨겁게 달군 데이브 잉글도의 재기발랄 자녀사랑법**

서툴지만 사랑스런 초보아빠의 고군분투!
정신없이 웃다보면, 어느새 당신의 아이와 부모가 보인다

톰 홉킨스의 판매의 기술
(만화로 읽는 경제경영 명저시리즈)

톰 홉킨스 지음 | 보브 번 그림 | 박신현 옮김 | 값 7,000원

5개 대륙, 400만 명을 교육시킨 전설적인 판매왕

전세계 10개 국어로 번역, 160만 부 판매된 전세계 세일즈 비즈니스계의 필독서

80/20 법칙
(만화로 읽는 경제경영 명저시리즈)

리처드 코치 지음 | 크리스 모레노 그림 | 박신현 옮김 | 값 7,000원

적게 투입하고 많은 것을 이룰 수 있는 현명한 방법

전세계 31개국 번역, 전세계 100만부 이상 판매된 초대형 글로벌 밀리언셀러!

손자병법
(만화로 읽는 경제경영 명저시리즈)

손자 지음 | 셰인 클레스터 그림 | 박신현 옮김 | 값 7,000원

비즈니스, 스포츠, 정치, 인생에서 '싸우지 않고 이기는 기술'

2500년 전 동양 최고의 전략서이자 현대 경영대학원들의 필독서

무엇이 과연 진정한 지식인가
- 인터넷과 SNS의 시대, 우리가 알아야 할 지식과 교양

요아힘 모르·노베르트 F. 피츨·요하네스 잘츠베델 외 지음 | 박미화 옮김 | 224쪽 | 값 13,500원

**2012 문화체육관광부 우수교양도서
"당신이 아침에 읽은 트위터 한 줄은 진정한 지식이 아니다!"**

여과되고, 연계되고, 이용되고, 발전되어야 비로소 지식이 될 수 있다. 《슈피겔》지 16인의 전문가들이 제시하는 21세기 지식의 나침반. 전 독일 베스트셀러.

간절히 생각하라, 그러면 부를 얻을 것이다
(만화로 읽는 경제경영 명저시리즈)

나폴레온 힐 지음 | 조 플러드 그림 | 박신현 옮김 | 값 7,000원

시대를 초월하는 부와 성공의 바이블

75년간 전세계 6000만부 이상 판매된 고전 중의 고전! 전세계인들의 인생을 바꾸어놓은 자기계발서의 원류!

롱테일 법칙
(만화로 읽는 경제경영 명저시리즈)

크리스 앤더슨 지음 | 셰인 클레스터 그림 | 박신현 옮김 | 값 7,000원

왜 미래 비즈니스는 중요한 소수가 아닌, 하찮은 다수에 주목하는가

〈뉴욕타임스〉 〈월스트리트 저널〉 베스트셀러 비즈니스 저널리즘 분야의 최고 권위 제럴드 로엡상 수상작!

당신에게는 사막이 필요하다

아킬 모저 지음 | 배인섭 옮김 | 430쪽 | 값 14,000원

2013 대한출판문화협회 선정 올해의 청소년 도서

전세계 25개 사막을 홀로 건넌, 아킬 모저가 들려준 인생의 지혜와 감동의 기록.

"사막을 홀로 건너본 사람만이 자신에게 도달하는 법을 찾을 수 있다"

재밌어서 밤새 읽는 화학 이야기

1판 1쇄 발행 2013년 2월 13일
1판 23쇄 발행 2024년 4월 10일

지은이 사마키 다케오
감수자 황영애
옮긴이 김정환

발행인 김기중
주간 신선영
편집 백수연, 정진숙
마케팅 김신정, 김보미
경영지원 홍운선
펴낸곳 도서출판 더숲
주소 서울시 마포구 동교로 43-1 (04018)
전화 02-3141-8301
팩스 02-3141-8303
이메일 info@theforestbook.co.kr
페이스북 @forestbookwithu
인스타그램 @theforest_book
출판신고 2009년 3월 30일 제2009-000062호

ISBN 978-89-94418-51-3 03430